正面教养：

少爷小姐要争气

[美] 刘墉 著

天津出版传媒集团
天津人民出版社

图书在版编目（CIP）数据

正面教养：少爷小姐要争气 /（美）刘墉著 . -- 天津：天津人民出版社，2020.6
ISBN 978-7-201-15939-3

Ⅰ . ①正… Ⅱ . ①刘… Ⅲ . ①成功心理 – 青少年读物
Ⅳ . ① B848.4–49

中国版本图书馆 CIP 数据核字 (2020) 第 077111 号

《少爷小姐要争气》，经刘墉授权在中国大陆地区独家出版发行。

著作权合同登记号：图字 02–2020–46

正面教养：少爷小姐要争气
ZHENG MIAN JIAO YANG : SHAO YE XIAO JIE YAO ZHENG QI
刘墉 著

出　　版　天津人民出版社
出 版 人　刘　庆
地　　址　天津市和平区西康路 35 号康岳大厦
邮政编码　300051
邮购电话　（022）23332469
网　　址　http://www.tjrmcbs.com
电子信箱　reader@tjrmcbs.com

责任编辑　岳　勇
特邀编辑　张素梅
封面设计　吴黛君

制版印刷　大厂回族自治县德诚印务有限公司
经　　销　新华书店
开　　本　620 × 889 毫米　1/16
印　　张　13
字　　数　45 千字
版次印次　2020 年 6 月第 1 版　2020 年 6 月第 1 次印刷
定　　价　59.00 元

在这个电子的时代，

少爷小姐愈来愈平等，

少爷不再能靠力量赢过小姐，

小姐也不必用撒娇扮演弱者。

手指一按键，

谁也不比谁慢，谁也不比谁强。

少爷小姐站在同一个起跑点上，

看看谁比较争气！

表面看这都是写给我女儿的信，

实际是写给每位少爷小姐的书。

今天的男生女生已经没什么差别，

小姐要超越，少爷得争气！

前言一

男生女生要平等

我早期的励志书都是以子女为对象，《超越自己》《创造自己》《肯定自己》是写给儿子的，《做个快乐读书人》《小姐小姐别生气》和《跨一步，就成功》则是写给女儿的。没想到大家亲子间的问题差不多，这些书出版之后居然获得了热烈的回响。

忽然间，我的一双儿女都大了。刘轩早已是个社会人，声势一天天盖过他的“老爸”；我的女儿小帆明年也将由纽约哥伦比亚大学毕业，常神气地说她不喜欢别人称她为“刘墉的女儿”或“刘轩的妹妹”，又说保证过不了多久，老爸和老哥就会被称为“小帆的爸爸”和“小帆的哥哥”。

她也一副大女人主义，觉得男生能做的事女生也成，女生能做的男生还未必办得到。大学最后一年的暑假，她甚至想去北京参加战争影片的拍摄工作。我说：“女生行吗？”她则回一句：“马英九的女儿还不是跟着蔡国强搞爆炸？”我突然发现她早已脱离“总嘟着嘴生气的小女生时代”，她以爸爸和哥哥为假想敌，只盼早日实现自己的理想和梦想。

最近教师会紧急通知，说他们又要选《做个快乐读书人》为中学生优良读物，这已经不知是那本书第几度入选了。我一边赶着通知出版社印书，一边想：“奇怪！为什么教师会几乎选了我的每一本励志书，唯有《小姐小姐别生气》没选？”进一步打听，才知道因为我的书名没取对，当那书叫《小姐小姐别生气》的时候，等于把“少爷读者”全推到了门外。只是书里绝大部分谈的都是男女生共有的课题，我岂能因为书名，失去向男生建言的机会？

思忖再三，正好借机在大陆首次出版，我决定为这本书正名，成为《少爷小姐要争气》，而且做了上千处的校订，并加入了新的文章。

原先的《前言》依然保存，大家可以看看其实我自始就强调在这个时代，男生女生愈来愈没有差异，男牛的孔武有力不见得吃香，女生用撒娇也讨不到什么好处。因为手指一按键，谁快谁“上去”，在计算机的世界男女平等。

看着自己的儿女都大了、飞了，知道当年教育他们的这一套，还能被新生的少爷、小姐使用，是多么值得感慨又欣慰的事！

刘墉于纽约

前言二

我是很温柔的老爸

自从我出版《做个快乐读书人》，就有很多朋友说我“重女轻男”“疼女儿、逼儿子”。听他们说，我很少辩解，因为我自有调教孩子的原则。

对儿子，我是以要求自己的方式要求他。他是家里的男人，要帮助我修房子、整院子。当夜里警铃响起的时候，他应该立刻跳起来，跑在最前面观察。当他跟女士们出去的时候，到陌生的环境，他要走在前面；到熟悉的地方，他要走在旁边。

他不能怕输，不能随便落泪；因为怕输的人没有格局，落泪的时候就少了戒备。所以我在《创造自己》里对他说："当你右眼被人打到的时候，左眼还要张开。"他得追求成功，不但要短期的成功，更要看得远，使自己能长期成功。所以我在书中借他母亲的话说："没有豆子在上面，就不认他是豆子。"

我甚至在《超越自己》里讲出很狠的话：

"你必须成功！因为你不能失败。"

但是对女儿，我有点矛盾。

我希望她能做个快乐的妻子，将来被丈夫疼爱，所以当女儿说不知道会不会永远爱她丈夫，也不知道丈夫会不会永远爱她的时候，我会给她祝福："相信你一定能找到深爱你、你也深爱的人。"

我希望她做个淑女，让男生服务。当电梯门开了，男士靠边站的时候，她不必犹豫，可以先走；当男生送她上车后，她不必伸手关车门，因为男生理当为她把门关上。

可是从另一个角度，我又希望她能做个女强人。

因为时代愈来愈进步，孔武有力的男生不见得吃香，娇小的女孩照样可以统治世界。而且我虽然祝福，却无法保证她的婚姻，我当然希望她未来能在经济上独立。所以我也以教儿子的方式教女儿。打球，我不总是让她，也会狠狠抽，使她尝尝输的滋味。她养金鱼，该定时换水，但我虽然早准备好清水，只要她不动，我就不动。眼看水脏，鱼死了，我仍然不动。

因为我要她负责，要她参与。是她养宠物，不是我养宠物。看电视，每天晚上六点半，我一定要她转台看世界新闻，就算不感兴趣也得看，因为我要她关心世界，做个“世界人”。

读书，每个礼拜六，我一定为她检查中文功课，看她的中文日记和造句，因为我要她知道自己的根。

这本书就是在那样复杂的情怀下写成的，有殷切、有属望、有爱怜，也有一点“假的纵容”。而我必须强调的是，如同《超越自己》《创造自己》《肯定自己》，我是透过自己儿子写给每个人的儿女看。这本《少爷小姐要争气》，也是透过我女儿写给每个人的儿女看。它经过策划，加入了我认为每个孩子应该知道的事——

在《当你遇见大野狼》里，我谈的是“自卫”；

在《生病就像下一场春雨》里，我谈的是面对病痛的态度；

在《你的嘴甜不甜》里，我教年轻人说话；

在《先奉献的爱》里，我强调的是责任；

在《校园枪响之后》里，我讲的是同学相处之道；

在《你何不换个角度》里，我教的是绘画与写作；

在《再试一次就成功》里，我谈的是百折不挠的人生态度；

在《虽然你喜欢，但是不可以》里，我教的是自制；

在《老天爷忘记的时候》当中，我说的是“大爱”。

整个说起来，这本书是“引导”，不是“训诫”。因为早期的引导，比孩子后来走错了，拉回来揍一顿、骂一顿有用得多。

这本书也是“疼爱”，而非“纵容”。因为“爱护”比“训诫”“疏导”比“围堵”有效得多。

希望每位看这本书的师长或小读者，都能感受到我对年轻朋友深深的期盼与疼爱。

目录

谈处世 ◎ 露白的后果

只要是毒品，
给你一亿美金，也不碰。
就算风险是零，也绝不改变原则。

今天下午你和哥哥一起坐火车去曼哈顿，为我买生日礼物。

这大概是你第一次单独和哥哥进城吧！听说你们先想为我买个电玩，又嫌我太老了；再想为我买个运动器材，又怕家里没地方放；最后终于挑了一件长大衣。

谢谢！那确实是我最需要的。而且穿起来挺合身，又看来很有精神。

你们吃完晚饭才回来，我问你哥哥请你吃了什么。

你说吃韩国烤肉，但不是哥哥请客，是各出各的。

我就把你哥哥叫来骂，说他赚那么多钱，又好不容易带妹妹进一次城，居然吃顿饭还要妹妹自己付账。

你哥哥就很冤枉地说是你坚持，又说你在路上就不断强调过年拿了不少红包，都没花，所以很有钱。他还叫你小声一点，别“露了白”呢！

“露白”，恐怕你长这么大还没听过这个词。

“露白”就是“露出白银”，意思是让别人看见你的银钱。这是犯忌的，因为当人羡慕你、忌妒你，想要你的钱，下一步就可能抢你、害你。

记得不久前我们看的那部得到奥斯卡最佳外语片奖的南非电影《救赎（*Tsotsi*）》（台湾地区译《黑帮暴徒》）吗？

里面有个混不良帮派、又偷又抢的大男孩，有一天抢了辆车子，开出很远才发现里面有个娃娃，天冷，他怕娃娃被冻死，只好带回家。居然一天天照顾，产生了情感，最后把娃娃送回父母的身边。

你记得那片子一开始，有个中年男士买领带，掏皮夹子，露出里面好多钞票，被不良少年看见吗？他们居然尾随，在捷运[①]上把那男人杀了，抢走他的钱。

---

① 捷运，即为平常所称呼的地铁，多为台湾地区用语。曼谷和新加坡也称作“捷运”。

一个皮夹子，能有多少钱？居然为此杀人，那几个少年未免太狠、太无知了！

但是你也要知道，很多时候，一点点钱也能让人产生杀机。因为那点钱对你来说或许微不足道，对别人来讲，或对别人在“那个时间”“那个场合”而言，却可能值得他冒险。

你没听说才不久前，就有人为了卡债连抢几家超商吗？

他可能不是为了还债，而是为了吃饭。也可能因为“愤世”而一时走偏。

只是他那“一偏”，可能毁他一辈子，也可能害人一生。

同样的钱，你可以把它看得很大，也可以看得很小。

你的命好，从小就不缺钱，所以把钱看得小，缺点是你可能因此容易“露白”。你哥哥则不一样，他生在铁道旁的违建区，从小由节俭的奶奶带大，到大学还去“二手店”买衣服，钱在他的心里很大。

为这个，我也操心，所以常对他说：“钱是身外之物，不要太在意。”因为我怕他为钱，降低自己的水平，或放弃原有的坚持。

你要知道，这世界上有许多女孩子为了钱、为了保住收入不错的工作，而放弃自己的矜持。也有许多男人，只为了一点钱，放弃做人的原则，触了法。

正因此，我不止一次试探你："如果有人要你带小小一包毒品。只是很小一包哟！不过手机那么大，也没有味道、不会被X光机或狗嗅出来，你只要带过海关，就能得到一万美金，你做不做？"

当你说"不"的时候，我又会加价："十万如何""一百万如何""一千万如何"。

每次你都想也不想便答："NO！"

然后我会说："对！这就是原则。只要是毒品，给你一亿美金，也不碰。就算风险是零，也绝不改变原则。"

说到这儿，又让我想起昨天看到的一则新闻，英国一个中了千万乐透大奖的男人，发现好多女人亲近他，不是为了爱他，而是为他的钱。

为此，他装穷，穿廉价的衣服、请女朋友上快餐餐厅，终于找到“有真爱”的另一半。

孩子，记住！以后就算你真发了财，也千万别“露白”。

“露白”之后谈的恋爱，只怕都不保险哪！

谈读书 ◎ 读书与梦想

书要读，梦也要做；

读书是紧，做梦是松。

台湾的一个团体邀请我作校园巡回演讲，我定的讲题是：读书最好，有梦相随。

朋友看到，笑说有问题，因为去掉了中间的标点，好像是讲读书最好能接着做梦。

我说这有什么错呢？没见前两天的报纸上才登，美国有个研究：两组人，一组上午九点钟上课，晚上九点问他们记得多少；另一组则是晚上九点上课，接着各自去睡，第二天早上九点再问他们记得多少。同样相隔十二小时，后者成绩好得多。可见读书要想效果好、记得牢，最好跟着去睡觉。

我这番话，只能供你参考，千万别书本一摆，就去见周公了。

但是我敢说那些有成就的学者，绝不是死读书的，他们很可能像大思想家罗素所说，他想不出怎么写论文，就跑出去玩，玩回来就会文思泉涌。或像爱因斯坦，在他想通“相对论”的前一天，离开办公室时还对朋友说只怕一辈子都搞不懂了，结果第二天一早就找到了答案。

更实在的例子是发现了苯环分子结构的凯库勒，他不是由梦到一条蛇咬着自己的尾巴，得到白天百思不解的答案吗？

可见书要读，梦也要做；读书是紧，做梦是松。

许多年前，有一首很流行的歌，叫《青春不要留白》。那时我常对学生说：“对！青春不能白过，但是读书不一样。我们的脑海好像个仓库，不会管理的人，只知把东西堆进去，塞到连转身都不方便。会管理的人则知道分门别类，把容易坏的常拿出来检查，不堪用的扔掉。因此，仓库里有条不紊，不但进出货方便，空出来的地方说不定还能摆张乒乓球桌呢！”

所以“脑仓库”的管理一定要留白，只知道博学强记，不断往脑里塞东西的人，在今天是不容易成功的。

我强调“今天”。因为这是个知识爆发的网络时代。最能成功的人不再是只知死记硬背，而是知道活学活用、怎么找数据、整理数据、利用数据的人。

今天也是个更要融会贯通的时代，你不仅要对自己本科的知识有专精，而且要把这专精与整个世界联机。今天你的视野要扩大，如同一个设计师，走进一栋要重新设计的房子时，他在脑海里先得把所有的隔间拆掉，使自己的创意能发挥。今天的医生，可以在美国作断层扫描，传输给印度的技术人员分析，隔天在美国给病人看报告。今天的企业主管，必须用整个地球思考，他可以在东半球构思、西半球制图、北半球打模、南半球制造，全世界营销。

何止“今天”如此，想想，孔子、柏拉图、亚里士多德，在他们那个时代，才有几本书好看？“汗牛充栋”的书简，加起来只怕不过一张光盘的内容。问题是，他们为什么能成为那么伟大的思想家？

因为他们既懂得“思而不学则殆”，更懂得“学而不思则罔”。于是在脑海里留下空间——思想的空间、梦想的空间、玄想的空间、完成理想的空间。他们在读几十本书之后，很可能就创作出一本自己的作品，而且超越他读的那几十本书。

相对的，却有不计其数的学者，焚膏继晷、皓首穷经，学问塞满一肚子，好像乱堆的仓库，该用的时候找不到，碰到问题不能以所学的解决；说得出一番大道理，却没有自己的创意。如果把书当作人生旅程的行囊，那些“死书”非但没能帮助他走得远、看得多，反而成为累赘，压得他没见到多少人生的风景。

我写过一篇文章——《摇一摇，沉淀的爱情》，意思是许多人在一起久了，爱情都沉了底，上面淡如白水，必须找机会摇一摇，使上面的白水与底下“爱情的果粒”重新融合。

现在，我要说“摇一摇，沉淀的学问”。当你发现书已经读死了，记不住了、想不开了，就暂时把书放下，看看外面的绿树蓝天，让思想驰骋，让理想飞扬，想想那书里有多少东西可以给你启发。而且你可以由读这本书想到读那本书，把相关的东西串起来。这样，书才能成为活的，成为你生活的一部分。它不但让你用来应付老师的考卷，更能应付人生的考试！

于是，你成为真正的爱书人，书为你实现梦想、打开心窗。

所以我说：读书最好，有梦相随！

谈绑架 ◎ 当你遇见大野狼

『被告只想强奸她，并没有要杀她。』男孩的辩护律师说，『他们只是挡住她的嘴，不要她喊，但是事情过后，发现她已经断气了。』

每年的Ash Wednesday[1]，美国的天主教徒常在额头上涂一点黑色的炭灰，表示不忘自己有一天会“尘归尘、土归土”，也对自己的罪表示忏悔。

你奶奶生前，每次看见脸上涂了炭灰的人，都会笑着说：“好好的，又没打仗，干什么在脸上涂灰啊！”

接着她就会说她那已经讲了几十遍的故事——

“小时候，军阀的大兵一来，就四处找女人，有些女人在路上让他们从后面骑马拦腰一抱，就抢跑了。我那时候才十几岁，也怕！都在脸上涂黑灰，躲起来。”

她为什么在脸上涂灰？那不是很丑吗？

---

① 即圣灰星期三。

她就是为了丑，为了不引起那些坏兵的注意，保护自己啊！

我今天说这个故事给你听，是因为晚餐时，妈妈谈到有个朋友的女儿考上布鲁克林科学高中，她每天亲自开车接送女儿上下学。

“为什么不包计程车？”我问。

“如果是你，把女儿交给计程车司机，你放心吗？”妈妈反问我。又回头看你：“对不对？如果碰上坏人怎么办？”

你当时一瞪眼说：“如果有人敢欺负我，我就用裁纸刀捅他，我会把裁纸刀带在身上。”

一桌的人都被吓了一跳，但是不知道该怎么说。

幸亏婆婆开口了：“你知道张艾嘉的小孩最近被水电工绑架吗？那些绑匪勒索三千万港币，张艾嘉报了警，但是大家都保密，不吭气，经过十一天的追踪，终于在一家旅馆里把她儿子平安救了出来。”婆婆又说：“也真亏那孩子，才是个小学生，却那么机警。报上说他没骂绑匪一句，还主动跟绑匪打交道，说：‘你们只想要钱，只要我没事，我妈妈会给你们，你们要和她好好谈。’

报上还说他唯恐遭到毒手，在有机会喊救命，却没十足把握的时候，忍着不叫，一直静观其变地等待救援。”

你知道婆婆为什么说这话吗？

她就是告诉你不要冲动。就算你对，别人错，当形势对你不利，你落在坏人手上的时候，也要忍着，免得受伤害。

想想！如果只有你一个小女生，用你的裁纸刀，能够跟坏人对抗吗？

如果你把他激怒，他夺走你的刀，用刀对付你，你是不是会受到更大的伤害？

所以你要学张艾嘉的儿子，在处于弱势的时候想办法保护自己。

什么叫保护自己？

保护自己是避免使自己受伤害。如果坏人要抢你的钱，就把钱给他；要抢你的手表、项链，就自己摘下来给他。

问题是，他如果要强暴你怎么办？

你今年十二岁，是我该跟你谈这事的时候了。相信在学校，老师也跟你们说过，这是一个有各种人的世界，有好人、有坏人，好人可能变成坏人，坏人也可能改邪归正。我们一生可能遇到各种状况，有幸，有不幸；有走运的时候，也有倒霉的一刻。

当你无可避免地遭到不幸，就只好逆来顺受。

记得二十多年前，我在台湾当电视台记者的时候，曾经采访一个中山女高学生被奸杀的案子。

几个不满十八岁的男孩，在戏台下，把那高中女生奸杀了。

“被告只想强奸她，并没有要杀她。”男孩的辩护律师说，“他们只是挡住她的嘴，不要她喊，但是事情过后，发现她已经断气了。”

那律师想用“强暴意外致人于死”的说辞，帮那些男孩减刑。

这案子后来怎么判，我已经忘了，只是常想，如果那女生在发现四处无人、呼救也没用的时候，能放弃挣扎，留住自己一条命，以后再把那些强暴犯抓出来，会不会更好？

不错！名誉是人的“第二生命”。

但是“第二生命”毕竟不是“第一生命”啊！

何况她被强暴，是她的不幸，大家应该同情，所以不致影响她的名誉。即使会有抹不去的可怕记忆，毕竟她还能拥有完整的一生！

想想，那女孩功课好、人又漂亮，当然是她爸爸妈妈的掌上明珠，如你一样，是爸爸的小公主。

当她被人勒死，有多少人会心碎啊！

中国人常说“留得青山在，不怕没柴烧”。

什么是“青山”？青山就是身体、生命，当你能保住一命，就能开创无限的未来。相反的，如果你失去了生命，就算把坏人骂够了，也出足了自己的气，又有什么用？

中国人也常说“龙困浅滩、虎落平阳”，意思是即使你强为一条龙，猛如一只虎，但当你到了不属于自己的地方，也得屈居人下。

孩子！我可爱的小公主，我希望你永远是家里的公主，但也盼望你能知道自己总有离开城堡的一天。

你永远要知道自己在什么地方、有多大力量，也要记住“柔能克刚”以及那最重要的一句话——

“留得青山在，不怕没柴烧。”

谈生死 ◎ 孩子不要哭

我们靠什么能面对自己的死？

靠的就是从小到大、到老，经历那许多亲友死亡得到的历练，使我们看开了、看淡了，觉得『人都有一死』，大家都会走上这条路。

今天傍晚，我带你去医院看奶奶。

奶奶因为心脏衰竭住进加护病房，她的嘴上套着氧气罩，仰着头，用力呼吸。我们可以听见她呼吸时好像有痰，那是因为肺里积水。这积水更呈现在奶奶的四肢，爸爸拉着她的手，那手已经浮肿。所幸床边吊的尿袋里显示有不少排尿，可能缓解些水肿的现象。

接着我摸摸奶奶的脸，又抚一抚她的白发，奶奶的眼睛好像眨了一下，嘴里发出呜呜的声音，我对着她的耳朵喊："小帆来看你了"，并要你凑近奶奶的脸前。

只是，奶奶还在昏迷中。她自从中风就半身不遂，不能说话、行动，现在更没办法把眼睛睁大看你了。

看奶奶没反应，我又摸摸她的白发，在她的额头上亲了一下。

这时候你突然哭了，眼泪一下子爬满你的脸。我赶紧拿卫生纸给你，小声对你说："别哭！别哭！奶奶看你哭，她也会伤心的。"

你却抽搐得更厉害了。

才几天前，奶奶还会跟爸爸玩抓手、拍手的游戏。爸爸喂她吃冰激凌，她不但吃了好几口，而且没从嘴角流出来，妈妈还说她进步了，说不定可以不再用胃管。

谁想到前天夜里病情急转直下，医生说九十多岁的老人，整个身体机能都在逐渐"关闭"。

"看到奶奶突然病得这么厉害，我很伤心，可是我忍着，不哭。"下电梯的时候，我一边为你擦眼泪，一边劝你，"伤心，要藏在心里，这是一种礼貌。如果你哭得厉害，让别人见到，不知所措，说不定也陪着哭，在西方社会是失礼的。所以杰奎琳在肯尼迪的丧礼上没流泪，会获得许多媒体的赞赏，赞赏她自制的功夫。"

因为找不到停车位，妈妈在车里等，我们一上车，妈妈看见你红肿的眼睛，就问："你哭啦？"

你先没答，隔了半天，突然说你本来不会哭，但是看见奶奶的手好肿，觉得奶奶好可怜，就哭了。

晚上，妈妈问我，不知道今天你去医院，会不会有心理的伤害。学校有咨商师，每个丧亲的小孩都会被找去，给予安慰和治疗。

我则对妈妈说，我觉得带你去是很对的，相信那一幕必定会留在你心里一辈子。这是很好的人生教育，告诉你人生是快乐与艰辛的，它可以很重，也很轻。

我这么说，你或许不懂，但是等你长大，就会了解了。

我们的一生，都在不断地相聚与别离。我们离开父母、离开家，有了朋友，找到爱我们的人，组织了自己的家庭。这时候，祖父母可能已经分别离开世界；再过许多年，父母也渐渐凋零。

看到祖父母的死，会使你受一次震撼，感受死别的痛苦。这个打击正可以使你更坚强，坚强得能够承受父母有一天逝去的打击。

当你把这些都经历了，再过二三十年，可能就轮到你自己的死了。自己的死，不是更可怕、更伤心吗?

我们靠什么能面对自己的死?靠的就是从小到大、到老，经历那许多亲友死亡得到的历练，使我们看开了、看淡了，觉得“人都有一死”，大家都会走上这条路。

如此说来，你今天不是正在上“人生的一课”吗?所以我觉得带你去看奶奶最后一面，是对的!

晚上，我辗转难眠，想到今天在病床边的你，就像我看到我亲奶奶的时候，突然哭出来。我想，你的哭可能不只因为觉得奶奶可怜，而是在我给奶奶的那一吻当中，勾起你许多联想。你会不会是想起我每天晚上亲亲你，你又亲亲我呢?

孩子!没错，有一天你可能也到我床前亲亲爸爸，而那时爸爸已经不再能回亲你。那天，我会比你先睡，睡得很熟很熟，睡成大地的一部分。

如果那一天到了，你要记住我今天的话——

“孩子!不要哭!孩子!不要哭!你哭，爸爸也会伤心的。”

谈创意 ◎ 你何不换个角度？

什么是创意？

创意常常是表现你独特的观点，那是一种创造。

每个艺术创作都是『创造』，不是『拷贝』。

今天下午我把好多画放在地板上，那些画都是附近中学生参加“中国人联谊会”端午绘画比赛的作品。

“真亏这些洋孩子，为了参加比赛，一定找了不少端午节的参考书看。”公公在旁边说，“不然怎么知道中国龙船是什么样子。”

当然也有些孩子显然只凭想象，心想“龙舟”一定像条龙，于是把西洋神话故事里的“喷火龙”画了进去。

也有些作品，一看就知道是中国孩子画的，因为除了龙船画得像，还在旁边写了好多中文字。

不过我不会因为知道是中国人而多给分，因为这是开放给各族裔的比赛。评的是技巧、创意，而非“族群的背景”。

我也不会因为有些人用艳丽的粉彩，有些人用淡淡的水彩，又有些人只用炭笔，而扣后者的分数。因为如果画得好，“黑白”也能胜过“彩色”。

止因此，这评审的工作真难，我站起来坐下去，走过来走过去，虽然挑出几张有代表性的作品，却难决定谁拿第一。

妈妈、婆婆和你都跑来了，每个人都表示自己的意见。你尤其欣赏一个中国学生画的水彩，说那最像龙舟竞渡，应该拿第一。

“如果你参加，你也会这样画，对不对？”我问你，“你也会在前景画很多观众，然后画水，再画水上一条条的龙船，对不对？”

你点点头。

但是我没给那张作品第一名。

当你知道我决定的时候，大声叫着问：“为什么？”

婆婆也说那张该拿第一。

我笑笑：“你们说得不错，我这样评，外行人，尤其中国朋友看，都可能认为不对。但是如果有内行人来看，就会知道原因了。”

我还对你说：“即使你参加，画成你欣赏的那张的样子，我也不会给你第一名。”

“为什么？”

“因为创意不够。”

什么是创意？创意常常是表现你独特的观点，那是一种创造。

每个艺术创作都是“创造”，不是“拷贝”。

所以我挑了那张看来好奇怪好奇怪的画。

他画了一个正面看的龙头、一个窄窄的船身，又画了两个正在挥桨的人和后面弯弯的船尾巴。然后是近处的白浪、旁边的龙舟和远处的水天一线。

说实话，我非常惊讶他能放弃一般人从侧面看龙舟的方法，而大胆地采取正面。他的观点特殊、技巧纯熟、构图美，色彩的安排又好，我当然给他高分。

孩子，你要知道在艺术的表现上，技巧是最容易学的，真正难的反而是观点。

观点就像画“龙舟竞渡”，你可以想自己是观众，画由岸上看到的场面；也可以想象自己在龙船上，画船上的景象；你甚至可以让自己像是一只鸟，飞到天空，从上往下看，看到一条条船，像是长长的小鱼，在水面破浪前进，四周则是一个个圆圆的“观众的头”。

除了画画，你在写作文的时候，也可以试着用不同的“观点”和“切入点”。譬如你写全班去植物园玩，可以按部就班地写——

“今天早上我很早就赶到学校，因为我要去植物园，我们九点钟在学校集合……”

你也可以从植物写起——

“从小我就爱花，尤其爱荷花，今天我真兴奋，一下子看到好多好多荷花……”

你还可以倒着写——

“平常我都是三点放学，但是今天五点才回家，虽然我既累又饿，但是我很兴奋，因为我们全班到植物园，享受了丰富的一天……”

你更可以从半路写起——

“哇！看到那一大片绿、一大片粉红，我叫起来了！植物园的荷花多美啊！为什么我以前都不知道？”

这些例子不就像你由岸上、由水上、由空中看龙舟竞渡吗？

艺术是活的，有着无穷的自由，随你去想象、去创造。所以当你平铺直叙的基本技巧已经不错的时候，就可以尝试由不同的角度来描绘。

再回头看看那些参加比赛的图画吧！

你是不是也觉得惊讶，第一名的学生怎么会想到从那个特殊的角度看龙舟？

你是不是也有点佩服他了？

他成功了，对不对？

谈困境 ◎ 当我们落难的时候

『你们走错了，今天演出是在布鲁克林大学的礼堂，不在我们布鲁克林音乐学院。』

『能不能告诉我们布鲁克林大学在哪儿？』

孩子，我们今天真是糗大了，但是谁能想到会发生那样的事呢？

下午，妈妈先带你去洗头，梳了个英国古典的发型，早早吃完晚饭，再为你穿上白纱的衣裙，还上了一点淡妆。

我则准备好照相机和录影机，打算为你留个光荣美好的记忆。

那确实是光荣美好的，因为一个月前，你在布鲁克林音乐学院的钢琴比赛得了小学组第二名，今天要为优胜者举办个大演奏会。

我们事先约好了车子，准时来接，希望你在演出前能有个平静的心情。

“那地方我认识，布鲁克林音乐学院。”妈妈在车上对司机说，“上次比赛是我自己开车去的。”

于是，我们轻车熟路地穿过皇后区，再过桥到布鲁克林区。巧的是那司机也很懂音乐，一路跟我们讨论你演奏的曲子。

因为道路正施工，车子没能停在音乐学院的门口。

“确实是这里吗？”司机问。

“没错，我认识。”妈妈说。于是我们三个跳下车，沿着人行道走进音乐学院的大楼。

原先猜想，大楼里一定有不少盛装的宾客，可是进门，奇怪！冷冷清清，没什么人。

“我们是来演奏的。”我对门口柜台的人说。

那人一怔：“今天没有演奏会。”

妈妈吓到了，拿出通知书递给那人，他看看，苦笑了一下：“你们走错了，今天演出是在布鲁克林大学的礼堂，不在我们布鲁克林音乐学院。”

“能不能告诉我们布鲁克林大学在哪儿？”我追问。

那人居然摊摊手，还环视一下大厅，看看坐在门口长凳子上的几个学生："你们知道怎么走吗？"

大家也都摇摇头："很远耶！"

"走路过去要多久？"我急着问。得到的答案是："不能走路，一定得坐车。"

我们立刻转身冲出门去，妈妈边走边拨手机，问送我们来的车子走远没有。车行说走远了，附近没车。我们只好站在街头等计程车。

正是下班时间，一辆辆车子飞奔而过，没有一辆是空的，冷风细雨夹着被车子卷起的落叶袭击着我们。

我把西装脱下来，给你披上，包住你里面的白纱裙子，看到你擦得亮亮的白皮鞋已经溅上了泥水。

等了十多分钟，没车。

我拉着你，说："不急，来！跟爹地走，我们到那边更大的马路旁边等。"

于是我们穿过马路和小公园，到布鲁克林大道。我心想，这条路叫"布鲁克林大道"，应该离布鲁克林大学不远。

一辆空车驶来，我老远就招手，又沿着街边跑，终于在三十米外把它拦住，你和妈妈则追了过来。

我们坐上车，觉得好温暖。可是车子才开动，司机听说要去布鲁克林大学的时候，居然摇头，说太远，而且在相反的方向，赶我们下车。

风更冷了，人冷，心也冷。我好紧张，已经不是怕赶不上演奏会，因为时间已经超过，我是怕你紧张、怕你着凉。

总算我们拦到一辆车。

车子先回转，在巷子里穿来穿去，再驶上高速公路。

“那么远吗？”妈妈小声问我。

我又问司机：“有必要上高速公路吗？”

“耶！”司机简短地说。

我可以感觉你冰冷的小手，也可以感觉妈妈的恐惧。但是我开玩笑地说：“只要在地球上，都会到的。”

我们没上“贼车”，他果然把我们平安送达，只是到的时候，音乐会已经开演一个小时了。

我们悄悄走进去，觉得好丢人，听到大厅里传来别人演奏的钢琴声。

妈妈蹲着为你擦鞋，我为你整整头发，你没有再去后台，直接由前台就上场了，因为正巧轮到你演奏。

我坐在后面高高的地方看你上场，觉得舞台好大，你好小。

小小的一个娃娃，鞠躬、坐下、调整一下椅子，开始弹奏你得奖的《Sonatina Op.20 No.I ～ Kuilau》。

我一边为你录影，一边揪着心，生怕你惊魂未定，会弹错。

你居然一点也没错，只是弹得力量不太够，特强的地方也表现不出来。但你的琴音仍然那么清晰，仿佛透明的水晶珠子落在玉盘上。

演奏完毕，你赢得满场的掌声。

可是，当音乐会结束，你却坐在第一排，没站起来。爸爸妈妈过去，才发现你在哭，因为对自己的表现不满意。

孩子，你的表现已经很令我们满意了。

今天，我们全家的表现也应该令我们满意了。

在迷途的那一个多小时里，没有人怨，没有人责怪，没有人慌乱，你一句话也没说，安安静静地站在冷风里等车。

音乐会的负责人也没怨我们。她甚至在结束之后，留下来陪我们，安慰你，直到接我们的车子出现。

你不觉得这个经验更值得记忆吗?

我相信你一辈子不会忘记今天的。这是我们在陌生地区，共同面对困难的经验；那一刻我们变得更坚强、更团结、更警戒，而且更彼此体谅。

直到现在，回到家，静下来，我们才自我检讨，为什么妈妈那么有把握？为什么爸爸没再看一次通知单？为什么我们三个人都认为比赛那次在布鲁克林音乐学院，演出就一定会在同样的地方?

我们都自以为是，都想当然，也都认为对方“已经看过了”，不是吗？所以今天我们又学到一点——多么有把握的事，都得再确定一下。许多严重的错误，都是在“想当然”的情况下造成的。

还有，在最困难的情况之下，只要你镇定，仍然能有杰出的表现。刚才，报社打电话来，说你表演得很好，明天会有你的照片见报呢！

谈交友 ◎ 谁的星座最相合

双鱼座爱幻想，巨蟹座最爱家。

一个爱漂泊、一个爱安定，看起来恰恰相反，却可以互补。

今天我们去吉普赛人开的店。

店里摆了好多稀奇古怪的东西，我买了一颗幸运石和三张书笺。

那书笺是用雷射制作的，从不同角度看，能呈现三度空间的效果。你的书笺上是个抱着瓶子倒水的人。妈妈的是个大螃蟹，我的则是两条小鱼，每个图画下写着密密麻麻的字，大概是形容那个星座的人吧！

“我属于很有主见，而且喜欢帮助人，又擅长数字、科学的星座耶！”你得意地对我说。

可是隔一下，你又跑来很不解地问：“奇怪了，为什么这上面说跟我最好的星座是双子座和天秤座呢？我的同学珍妮就是双子座，我不喜欢她；还有玛丽是天秤座，我也不欣赏。”

“双子座有什么不好？”我问你，“他们非常聪明，口才又好，只是可能因为太聪明，容易改变兴趣。”

“我不喜欢变来变去，我很专心。”你噘着嘴说。

“所以你们做朋友最好啊，一个专心，一个变化。在一起，既不会太死板，也不会太不安定。”我又问你，“天秤座有什么不好呢？像你哥哥就是天秤座，他们特别守法，适合当法官，只是有点太‘平’了，常常动不起来，有点懒。”

“对啊！”你叫起来，“我那个同学就懒。”

“她懒你不懒才好，”我说，“你才能推动她啊，好比我是双鱼座，你妈妈是巨蟹座，双鱼座爱幻想，巨蟹座最爱家。一个爱漂泊、一个爱安定，看起来恰恰相反，却可以互补。于是漂泊的人有一个爱家的人盼着、守着；那个不爱旅游的人，又有个爱漂泊的人牵着四处走走，不是太好了吗？”

孩子，什么叫朋友？朋友不见得是跟你完全一样的人，他们反而常跟你相反。

你或许爱山，朋友可能爱海；你的窗子或许朝东，朋友的窗子可能朝西。你们在一起就能有山又有海，同时欣赏不同的风景了。

孩子，你知道有人到犹太传统教派的地方作研究，发现在大舞会里，彼此吸引的男孩和女孩，往往是血缘关系最远的吗？

莫名其妙地，他们就会彼此欣赏。

研究的结论是，在那个封闭的社会，因为跟外界的接触少，血缘往往比较接近，为了优生，自然会找血缘差异大的人做朋友。

终生伴侣，都会不知不觉找那差异大的，凭什么朋友之间不能有很大的差异？

没错！我们都喜欢与自己志同道合的人，大家喜欢同样的食物、有着同样的兴趣。

但是当有一天，你遇到个跟自己完全不同的人，他可能来自得州，爱骑马；他可能靠近墨西哥，爱辣死人的TACO[①]；又可能

① 炸玉米饼（或卷）。

来自波多黎各，喜欢西班牙式的乡村音乐和嘉年华会。你起初觉得距离太远，合不来，但是相处久了，才发现原来他们的世界也很可爱。跟他们在一起，你的生活更丰富了。如此说来，他们不是你最该交的朋友吗？

记得你一两岁时，我们住在湾边的邻居是希腊人，他们总把希腊音乐放得好大声。

我们刚搬去的时候觉得烦死了，总奇怪，那么没变化的、叮叮当当、哼来哼去的音乐有什么好听？可是听久了，愈来愈顺耳，愈来愈听出其中的奥妙，愈来愈觉得美。

也记得我教美国学生国画时，常一边画一边哼中国流行歌曲。

有一天，有个学生很得意地说："老师，我昨天好神气哟，我去中国城吃饭，餐馆里播中国歌，每一首我都能跟着哼，我的朋友惊讶极了。"

原来学生们跟在我旁边，听久也会哼了。

他们能画地球另一边的中国画，又能欣赏中国歌，不是生活也变丰富了吗？

说了这么多，相信你已经了解，为什么星座里最相合的，不但不是完全一样的，还常常是相反的。

你也该知道，这世上每个人都可以做朋友，每个人都有优缺点。你的短处可能正是别人的长处，别人的短处又正好是你擅长的，于是彼此帮助，更能成功。

希望你听了我这一番话，能试着去了解那些跟你不同的人，从他们身上看到你缺少的特质，也用你的长处帮助他们。

谈说话◎你的嘴甜不甜？

『我最恨人家敲窗子了，我又不是动物园里的动物。他只要敲，我就装作忙，要他等；如果他再敲，我就找他麻烦，给他刁难。』

今天早上，我起床，发现家里一个人也没有。只好打你妈妈的手机。

手机是你接的。

“你们到哪儿去了啊？”我问。

“你难道不知道我今天要上中文吗？”你在那头喊，“我们正在去徐老师家的路上。”

晚餐前，我到厨房的柜子拿酒杯，你也过来，伸手往同一个柜子里摸。

“你要什么？”我问你。

你没答，从柜子里拿出一个碗，把碗在我眼前晃了晃，就转身走了。

早上，因为你正要去上课，我不好多说；晚上，又因为是吃饭前，怕影响你的情绪，我也没讲话，但是现在我必须对你叮嘱一番。

记得你上幼儿园时，老师曾经要你交一张通知给爸爸妈妈吗？

那通知是教父母怎么跟幼儿说话。

“幼儿们要听直接的、肯定的话。”通知上说：“当孩子做危险动作的时候，大人不能说‘你要死啦？爬那么高！’孩子会因为听不懂而不知所措。搞不好，大人太疾言厉色，原本孩子抓得稳稳的，反而吓一跳，摔了下来。所以大人要对孩子说：‘快点下来，那样太危险了。’这句话因为直接，孩子一听就懂了。”

你还记得不久之前，学校发了一张单子，教你们怎么说话有礼貌吗？

那张标题为《好好表达》(*NICE EXPRESSIONS*)的单子上印着：

请！(Please.)

谢谢你！（Thank you.）

原谅我！（Excuse me.）

对不起！（I’m sorry.）

你好吗？（How are you doing？）

祝你玩得愉快！（Have a good time！）

那真太好了！（That is really nice.）

让我们轮流。（Let’s take turns.）

我会与你分享！（I’ll share with you.）

来，跟我们一起坐！（Come and sit with us.）

我能帮你吗？（Can I help you with that？）

来跟我们一起玩！（Come and play with us.）

你是个好朋友！（You are a good friend.）

现在轮到你了。（It’s your turn now.）

你那方面真棒！（You are very good at that.）

我喜欢你的点子。（I like your idea.）

我可以体会你的感觉。（I understand how you feel.）

我们总给你留个位子。（There is always room for you.）

我现在就给你看。（I'll show you now.）

祝你好运！（Good luck.）

记得那时候，你把单子拿回家，爸爸还觉得好奇怪——

“天哪！都上初中的孩子了，还教这些最基本的句子。”

但是今天我懂了。愈是当你们大了，有了主见，或进入青春期，愈得教你们说话的礼貌。

譬如你今天早上，对我说话，不是就不够礼貌吗？

当我问你在哪里的时候，你为什么不直接说“我们在去上中文课的路上”？相反的，你用了一句责难的话——“你难道不知道我今天要上中文课吗？”

孩子！你大了，应该知道说话的技巧。会说话的人，绝不是总以责难语气咄咄逼人的。

想想，如果天气冷，你穿少了，妈妈对你吼：“你想冻死啊？”是不是在感觉上远不如她对你温柔地讲：“今天天冷，多穿一点？”

想想，如果你在教室里开窗子，有同学对你喊：

“你不冷吗？你不冷，我们冷。”

是不是远不如她对你关心地说："别开窗子吧！回头着凉了。"

"多穿一点"和"别开窗子"都是正面的句子，好比你上幼儿园时老师教我们对你说话的方法，不是很简单、很明确，感觉上比你用责难的"问句"好多了吗？

相对的，有许多直接而简单的句子，你又应该改为"问句"，才显得婉转。

譬如你问："对不起，我是不是能离开一下？"

"对不起！我是不是能打扰您一分钟？"

"十分抱歉！您是不是能再说一遍？"

"是不是能麻烦您把胡椒递给我？"

这些问句不是"责难别人"，而是"责难自己"，表示"因为我有事，不得不离开""因为我有问题，不得不打扰您""因为我没听清楚，要麻烦您重复一遍""因为距离太远，我得麻烦您帮个忙"。

你说，那感觉是不是比你直接讲"我有事，要离开""我要问一件事""你再说一遍""把胡椒递给我"感觉有礼貌得多？

再谈谈你晚餐前拿碗那件事。

你知道中国人常用“颐指气使”形容人没礼貌吗？

“颐”是“面颊”，“颐指”的意思是用半边脸来指挥；“气”是“气音”，“气使”表示用“哼、嗯、喂”的语气使唤人。

西方世界也一样，当你指挥别人，却只有动作，没有声音的时候，是最没礼貌的。

举例来说。你去餐馆，茶杯空了，你最好对侍者说：“是不是麻烦您，帮我续杯？”或者一边指杯子，一边简单地问他：“我是不是可以？”（May I？）

除非那侍者距你很远，你叫他，会吵到别人，你绝不能只指一下杯子。即使指杯子，不说话，你也一定要看着他，露出笑容。

至于你去银行或邮局那些柜台外面有玻璃的地方办事，更要注意。不能用敲玻璃来引起对方注意，而必须开口说话。即使不得不敲玻璃，也必须伴随着说一声：“对不起！打扰您。”

好！现在回头想想，我要纠正你什么？

晚餐前，你把手横过我面前去拿碗，是不是不如开口问：“爹地，能不能请您把碗递给我？”

就算你自己拿了，当我问你要什么的时候，你是不是也应该开口说“我拿碗”，而不是在我面前晃一晃？

最后，让我告诉你两件有意思的事——

我念研究所的时候，有个在餐厅打工的同学曾经偷偷说：“如果有客人要大牌，颐指气使，我就在他的菜里吐口水。”

还有一个在领事馆做事的朋友说：

“我最恨人家敲窗子了，我又不是动物园里的动物。他只要敲，我就装作忙，要他等；如果他再敲，我就找他麻烦，给他刁难。”

无可否认，这两个人做事的态度都很不对。但是你能不知道、不警惕吗？

没礼貌，除了显示自己没教养，还可能吃暗亏呀！

谈竞争 ◎ 从跌倒的地方站起来

『冠军，就是能接受失败的人。爸爸妈妈常教我，无论做什么事，都要坚定、认真地去奋斗。你处理低潮的方法，会造就你下次的成功。』

今天你参加溜冰比赛的时候摔倒了，而且一次又一次。

我站在对面为你录影，看你退场，赶紧跑到出口，看见妈妈搂着你，而你正在哭。

“不要哭！不要哭！其实你溜得很好，表现得很细腻。”我安慰你，你却哭得更厉害了，眼泪像断线珠子似地滚下来。我今天换了衣服，口袋里没手帕，只好用手指头为你擦，可是一串泪还没擦完，又滚下来一串。

“不要哭了！人家会笑你。”妈妈板了脸，不过又接着对爹地说，“克丽丝汀也一下场就哭，因为她也摔了一跤。”

我们走进休息室，暖多了，可是你还直叫冷。从上场之前，你就说冷，我抱着你，甚至可以感觉你在发抖，但那时候你是因为紧张，现在比赛结束，进了有暖气的房间，为什么还叫冷呢？

我好担心，怕你才好的感冒又犯了。这一次你感冒连续发烧了十天，我们原先不想让你来比赛的。现在，一个阴影从我的心底浮起——你那次感冒，是从溜冰场回家就说不舒服，冬天溜冰会不会是你生病的主要原因？如此说来，我还能不能让你溜下去？今天回家，你会不会又开始发烧？

我正操心，你又说："我的手好冰，脚也好麻，都没有感觉了，所以摔跤。"

说着，眼泪又涌了出来。

我心又一惊，摸摸你的额头，还好！没问题，就一边为你擦眼泪，一边对你说："这样你就不用不高兴了啊！如果你是因为在冰上碰到不平的地方，或是冰刀钩到自己的衣服摔跤，你还能怨倒霉，可是现在你说是因为脚冻得发麻，不就是你自己的问题了吗？"

我蹲在你前面，盯着你的小脸说："不要哭了！你哭，流鼻涕，用手擦眼睛鼻子，回头招上感冒，又病，就更比不过别人了。你要知道，每个比赛都是比技巧、比耐力、比运气也比体力的。你有好的技巧，练习的时候做得再棒，如果受不了比赛的压力，也不可能发挥好。你技巧、耐力都行，却体力不如人，也可能失败。所以当你摔跤的时候，不要怨，而该想想你为什么摔。当你手脚冰凉的时候，也不要怨，而该想想你该怎样使它不冰。”

关颖珊在败给李萍丝姬的时候不是说吗——

“冠军，就是能接受失败的人。爸爸妈妈常教我，无论做什么事，都要坚定、认真地去奋斗。你处理低潮的方法，会造就你下次的成功。”

成绩公布了，你得了第三名，显然你很失望，因为上次你得第一。但是你没再哭，上台露出笑容，跟一二名的获奖者合影。

回家的路上，你比较开心了，但是又怨在不该摔跤的地方摔，而且都摔在同一只脚，是因为妈妈为你绑鞋带绑得不够紧。还说老师绑得最好，好紧好紧。

不是妈妈力气不如老师。爸爸要对你说，如果换我为你绑，也绑不紧。因为爸爸看妈妈那么用力绑，已经怕你脚痛了，所以我更不敢用力。

写到这儿，我突然有一种好奇怪的感觉。想到今天大家练习的时候，爸爸在场边盯着你看，一转眼，你就混在人群之中，不见了。

我也看到好几次，你溜得快，别人也溜得快，差点相撞。还有，你比赛时跌倒、再跌倒，我们都只能在场外暗暗地为你操心。

充满竞争的世界，摊在你的面前，我们只能给你祝福，却已经跟不上你的脚步了。

谈青春 ◎ 你是战痘一族吗？

你瞧！高年级的同学，好多人不是脸上一块红、一块白的吗？

那红的可能是正发炎的青春痘，那白的又可能是他搽药或扑粉掩饰的痕迹。

“你要变成战痘一族了！”晚餐桌上，我对你一笑。

你抬起头：“什么是‘战痘一族’？”

“就是跟青春痘长期抗战的人。”

“我没长青春痘。”你摸摸鼻子上的小痘子，不服气地说，“这是包，不是青春痘！我以前就长过。”

“没错！是包，但是长了又长，愈长愈多的就是青春痘。”

我这么说，绝对没错。

青春痘本来就是毛囊脂肪腺发炎的包，爸爸会长、妈妈也会长。但是爸爸妈妈现在年岁大了，脂肪腺没那么发达，偶尔长一个才叫“包”。

你知道吗？有时候妈妈看我在挤“包”，还笑说：“这么老，还长青春痘，真年轻，真让人不服气。”

妈妈还羡慕我呢！

所以长青春痘是好事，代表你青春了。

青春的孩子，皮下脂肪变得更丰厚，也因此皮肤更丰腴、更耐寒、更不容易生皱纹，受了伤也更容易痊愈。

青春痘，就好像你人生的车子要远行了，老天爷特别为你加满油、打上蜡，使你能跑得更远，也显得更漂亮。

只是老天爷有时候加油加太多了，打蜡又打太厚了，不但你不需要，还造成你的困扰——厚厚的一层蜡，把空气里的灰尘都黏住了，反而看起来特别脏。

可不是吗？你瞧！高年级的同学，好多人不是脸上一块红、一块白的吗？那红的可能是正发炎的青春痘，那白的又可能是他搽药或扑粉掩饰的痕迹。

我十几岁的时候，脸上就常又红又白。尤其晚上洗完脸，皮肤血管扩张，每个痘子都像要跳出来似的，怎么看怎么不顺眼，我就站在镜子前面挤痘子，把里面的粉刺全挤出来。

粉刺出来，痘子就更肿了。我只好搽药消炎。有时候脸上东一块西一块涂满了药膏，你奶奶半夜看见，吓一跳，差点不认识自己儿子了。

第二天上学前，我还要站在镜子前面再处理一遍，把前一天没挤好造成发炎的痘子挤掉，再搽点药，才出门。

你信不信，我好几次就因为挤痘子花太多时间而上学迟到？

这不能怪我。哪个十几岁的大孩子不爱漂亮呢？只是这“战痘”实在不容易，常常愈要漂亮，愈不漂亮。

最不漂亮的是当你挤痘子，不成功却弄伤表皮的情况。这时候因为表皮已经肿了，毛孔张不开，你怎么挤，里面的粉刺都出不来。而且因为挤伤了，它开始在里面发炎，肿得高高的。

更糟糕的是鼻头上长痘子，肿成一个大大的红鼻头，活像马戏班里的小丑。

碰到这种情况，就再也不能挤了。你得看医生，吃消炎药，从里面治起；严重的时候甚至得动手术，把发炎的毛囊切开、清理干净。至于比较轻微的，则可以在外面搽消炎的药物，等消肿之后露出毛孔，让油脂自然排出。

对！即使你不挤，那粉刺也会自己出来。

我发觉挤痘子与不挤痘子的效果差不多，甚至可以说，不挤可能还好些。

这件事，在我服兵役的时候得到了证明：

那两个月，训得昏天黑地；洗战斗澡，不过三分钟，连照镜子的时间都没有，哪还有闲暇挤痘子？妙的是那段时间不但没长什么痘子，即使有，也自己消失，没发过炎。

后来我常想，除了不挤痘子，比较不容易造成感染，军队里生活规律、从不熬夜，也是原因。相反的，进军队之前，通宵写文章或准备考试之后，脸上常出一堆痘子。可见长痘子，跟情绪和睡眠也有很大的关系。

晚餐之后，我把你叫到灯前，就着灯光，看了看你鼻头和脸上那两颗青春痘。

说实话，你的痘子，真是小case，以我的“手艺”，一下子就能为你挤掉。

可是我没那么做，只是回房拿出一管A酸，要你晚上搽一点。因为我知道，硬挤是没什么好处的，挤坏了还可能因为脸孔太接近脑，把细菌带到脑子。远不如你好好注意生活规律、皮肤卫生，常洗脸保持毛孔畅通，同时在毛孔阻塞时，用A酸把角质层软化来得好。

晚上，我亲你道晚安的时候，你叫着："小心！我搽了药。"

果然，看见你脸上两点白白的药膏。我笑了，你猜！我笑什么？

我笑你开始成为"战痘一族"，我也从你脸上想到自己的少年时。

我想，你是不是又要考试了，紧张了。还有，你十二岁，就要青春了。

然后，你的痘子会一一消去，你将进入人生的黄金时代！

谈挫败 ◎ 何必再回头

用明天成功的快乐，去疗治昨天失败的伤痛。

而别把昨天失败的伤痛带到今天，造成明天再一次的失败！

我今天从台湾打电话给你，问你露营好玩不好玩。

你的语气好怪，说吃不好、睡不好，还要当服务生为别人端盘子。结论是："不高兴！再也不参加了。"

你放下电话气嘟嘟地走了，由你妈妈跟我谈。我才搞清楚，你其实不是为露营不开心，而是因为"自然"没考好。

"她准备得很好，可是没看清题目，一共只有两题，而且两题都没看清，只答了一半，所以才拿五十分。"妈妈说，"露营之前，她老师就宣布了分数，她那时还不知道看错题目，怎么也不相信自己只有五十分，就回家怨，说老师一定看错行了。接着去露营，她八成还放在心上，一路念、一路猜，心里不平，所以不高兴。"

大概妈妈的话被你听到了，你抢过电话喊：

"我就是不高兴，老师出题太诈了，一不小心，就看不到最后的题目，我要去跟老师说，我不是不会，是没看清题目。”

孩子，挂上电话，爸爸写这封信给你，要告诉你几个故事——

我二十多年前，在台湾的电视上主持了一个叫《分秒必争》的节目。那节目是益智抢答的方式，题目多半是我出的。

你知道我比你老师还诈吗？

我会故意出“著名文学作品《浮士德与魔鬼》的作者歌德，是德国人”。然后在念题目的时候，故意把“歌德”和“德国人”的“德”字，念得特别大声。

参加比赛的学生一听，就猜爸爸是想用“德”字相同来骗他们。

于是他们答：“不对！”

岂知道，歌德确实是德国人。

还有一次，我出了一串题目，先问了好几题，都是医学方面的问题，接着再问：

“中国传统所说的‘三多’是什么？”

作答的学生想都没想就喊：“多吃、多喝、多撒尿。”

岂知那是糖尿病的“三多”，不是中国传统所说“多福、多寿、多男子”的“三多”啊！

至于当我在美国教大学的时候出题就更诈了，譬如我在课堂上教学生：

“把贝壳放在烤箱高温烤过，再磨成粉，调上胶水，可以做成‘蛤粉’这种白色颜料。”

在出考卷的时候，就写——

“把贝壳放在烤箱里高温烤过，再磨成粉，调上胶水可以做成‘蛤粉’这种黑色颜料。”

十个学生有八个答“对”，你知道他们后来也跟你一样的反应吗？

他们大叫自己不是不会，是没把题目看完。

问题是，谁教他不看完呢？

这世界上许多致命的错误，都是因为想当然，没看清楚造成的。

最近一架声誉卓著、被认为最安全的航空公司的班机，在一个机场失事，死了好多人。你知道那是怎么造成的吗？

因为在大风雨中，飞机走上正在施工的跑道，滑行、起飞，撞上了工程的水泥栅栏。

机场其实早做了通知，告诉各航空公司，那跑道在维修，得改走另一条。只是，机长可能走习惯了，也可能因为施工的跑道上仍有灯，于是想当然地开了上去，也开上了死亡之路。

我还要跟你说件事。

有一阵子，爸爸在台北被人盗了笔钱，很不开心。一天走在路上，还心想着那笔钱，过马路不小心，差点被车撞了。

我突然醒悟——我何必为那点损失不开心呢？如果因此而闪了神，出了车祸，不是损失更大吗？

于是我不再去想那损失了，我知道留得青山在，不怕没柴烧，可以努力把钱赚回来，于是那损失非但算不得什么，反而成为我再奋起的力量。

想想！你今天的情况不也一样吗？

没看清题目，不是老师的错，是你自己的错，你应该由错误里学习，知道“想当然”是最容易出错的，于是以后凡事都能慎重，由头到尾先弄清楚，再行动。

人生有无数个考试，你也应该立刻放下心里的不安与不平，面对下一个战斗，而不是一直回头怨叹。要知道，摔下坑的人，如果一路走，一路回头看那个坑，只可能再跌入另一个坑。

你要先站在坑边，看清楚、想清楚，得到教训。接着就面对前方的路，再也别回头！

孩子！五十分已经考了，是无法改变的事实。但是如果你以后能因此而不再粗心，接下来考许多一百分，那五十分又算得了什么呢？

记住！

用明天成功的快乐，去疗治昨天失败的伤痛。

而别把昨天失败的伤痛带到今天，造成明天再一次的失败！

要别人认真，尊重你，

最好的方法，是你先以身作则，表现得一丝不苟。

谈自重 ◎ 问问你自己

要别人认真，尊重你，最好的方法，是你先以身作则，表现得一丝不苟。

你能想象我高中时候，借书给同学的一个经验，竟会影响一生吗？

那只是一本参考书。借给他，也不过两天。但是当书被还回来的时候，我翻一翻，跳了起来。

为什么？

因为“他”在书本空白的地方，做了许多涂鸦。

我问他为什么这样做，他居然理直气壮地说：“你不是也涂吗？我看你涂，所以也画几笔。”

我后来常想他的这几句话，发现别人确实总跟着你的脚步走。

你的家里乱，朋友来，也可能随随便便。

你家里一尘不染，朋友来，也会十分小心。

餐馆里吵，来的客人就跟着拉大喉咙喊，变得更吵。

餐馆里安静，大家也就尊重这份安宁，都轻声细语。

甚至我到四川的九寨沟都发现，在路上乱丢果皮、烟蒂的游客，进入九寨沟风景区，因为连车子都被规定在入口处作一番清洗。那些游客进去，也就谨守规矩，连说话都小声了。

自从有了这番领悟，我常利用这个道理来处世。

譬如跟朋友聊天，我会先问清对方下个约会的时间，到时候就算他说“没关系”，我也坚持结束。

我发现大家也因此很尊重我的时间。

教学生画画，每个礼拜学生来上课，总会看见我在墙上挂着新作；修改学生的作品，即使他画得马马虎虎，我也一丝不苟。

学生看老师用功、认真，自然也都很用功。

房子大翻修，除了监工，每天晚上我还会制图说明我的看法以及我建议的做法，然后传给包工看。

在院子里，我只要看到有野草就拔起来；见到有断落的枝子，也把它捡作一堆。工人和园丁发现我自己动手，总是加倍认真。

我发现，要别人认真，最好的方法是我先以身作则、一丝不苟。

印象最深刻的，是为我印刷画册多年的印刷厂。

十几年前，那还是个中型的工厂。有一天，他们向政府申请参加国际印刷大展，政府单位在电话里说："你们得先把印刷作品拿来审核，过关了，才能参加。"

临挂电话，又问一句："你们印过谁的东西？"

"刘墉的。"

那位新闻局的官员居然立刻说："那就不用送审了，你们已经通过了。"

当印刷厂老板告诉我这件事的时候，他笑道："跟严格的客户合作，虽然做的时候辛苦，但是也在不知不觉中进步啊！"

如今那印刷厂，已经成为股票上柜的大厂。

想想，我不是也曾尽过一番力，他们帮我，我也帮他们吗？

因为你抱怨乐团里有好多同学不认真，所以我说这些故事给你听，告诉你：

如果你发现别人不够尊重你，或希望别人与你合作的时候能够特别认真。你要做的第一件事，就是先尊重自己，而且加倍认真。

同样的道理，当你觉得父母总在后面盯你、令你不自在的时候，也要想想，是不是因为自己不够主动？

“人必自重而后人重之，人必自侮而后人侮之。”

谈病痛 ◎ 生病就像下一场春雨

病不可悲，可悲的是觉得可悲这件事。愈生病，愈不能自怨自艾，愈要懂得逆来顺受。

昨天晚上我生了一炉火，你却走过来坐在炉边喊“好冷”。妈妈说你大概因为白天太累，叫你去洗澡。

洗完澡，你就睡了。妈妈要我摸摸你有没有发烧。我摸一下，不烫，就放心地跟妈妈下楼。

“小鬼大概因为明天社会科要大考，紧张。”妈妈临睡对我说，“她有这个毛病，一紧张就病，连上次出去滑雪，早上都发烧，但是隔天就好了。”

熄了灯，我不知为什么心不安，又回到你房间，再用太阳穴靠靠你的太阳穴，才发觉你真的发烧了。用温度计量，居然三十九度半。

天哪！我真是太粗心了，怎么第一次没摸出来呢？

妈妈喂你吃了颗退烧药，你坐在床上把药吞下去，又吐了出来。浑身发抖，咧着嘴直叫好苦好苦，不要吃了。

妈妈只好拿来药水喂你喝下去，你又直叫恶心，隔了许久才躺下。嘴里却一直念：“明天考试，怎么办？”

“那有什么关系？”我安慰你，“生病了，就得在家休息。如果明天早上还烧，还得去看医生。”

果然你今天早上还发烧，可是带到门诊，看不出什么毛病，只是喉咙有点红。因为化验不出链球菌，医生连药都没开，说八成是感冒病毒，多喝水，自己会好。

回家的路上，你一直抱怨，说班上好多同学都感冒，坐你对面的男生一直对你咳。又怨交响乐团的一个同学，在你旁边擤鼻涕。

“有什么好怨呢？”妈妈说，“表示不是只有你一个人感冒，你还比别人强呢，最后才招上。”

“我最倒霉！”你说，“要考试了，却生病，还不如早点感冒。”说完，就哭了起来。

孩子，你的病、你的泪，看在爸爸妈妈眼里，多心疼啊！

但是我们也无能为力。

这世界上，别人最帮不上忙的，就是你的健康。你赶时间，我们可以开车送你；你抬东西，我们可以过去帮忙。但是今天你病，我们不能代替你生病。相反的，我们得更坚强、更小心，免得被你传染，失去照顾你的能力。

正因此，病是最无奈的。平常你要避免得病，一朝得了，只好泰然地接受。

对！你要“泰然”地接受，你一方面要跟病魔对抗，一方面又得跟“它”妥协。

生病有什么办法呢？病魔把你打倒了，你只好倒下，等到体力恢复，再重新站起来。

如果你倒在地上一直哭，对你“再站起来”会有什么帮助？

所以病不可悲，可悲的是觉得可悲这件事。

这句话你或许不懂，但是你记得吗？有位小学老师曾经来找妈妈，对着妈妈哭，说她对不起班上的一个学生。

那个孩子写字写得歪歪扭扭，又总是歪着头写，老师常骂他不认真。直到有一天，孩子说有一边眼睛看不清楚，送进医院，才发现得了脑癌。那孩子的家长和老师才突然惊醒，而且深深自责。

那老师对妈妈说，她带着几个班上的学生去医院探视，老师和家长坐在病房里哭，那病童居然拉着同学在走廊里跑。

“看到他不知道自己的病有多严重，我就更伤心了。”老师哭着说。

可是妈妈安慰她：“你应该想，所幸他不觉得可怕、可悲。想想，如果他是大人，天天坐在床上哭，不是更可怜吗？”

现在你应该懂了，为什么爸爸说：“病不可悲，可悲的是觉得可悲这件事。”

你愈是生病，愈不能自怨自艾，愈要懂得逆来顺受。

你知道我和哥哥都因为生病时逆来顺受，而得到好处吗？

我高二的时候，有一天半夜突然吐血，医生检查，吓一跳，已经是很严重的肺病，立刻办了休学。

我的学业一下子停摆了，连私人的国画课都不能去上了。

但是我在家自己画。没了老师的画稿临摹，反而逼得我自己创作。病好之后，我的画进步得连老师都大吃一惊。

我更用休学期间自修诗词，从现代诗到古诗，使得我在文学上有了很大的进步，大学时代就做了诗社的指导老师。

爸爸后来常想，如果不是因为高中休学一年，可能考不上第一志愿师大美术系，也不可能早早就成为诗人和作家。

连你哥哥都得了生病的好处——

那时候你还小，大概不记得了。他高三的时候突然得了水痘，因为怕传染给你，我们不准他下楼；两三个礼拜，他就一个人躲在楼上卧室，一边养病，一边准备高中会考。

结果他的 SAT[①] 几乎得到满分，而被哈佛提前录取。

想想，我和哥哥不是都“因病得福”，逆来顺受，非但没损

① SAT，全称 Scholastic Assessment Test，中文名称为学术能力评估测试。由美国大学委员会（College Board）主办，SAT 成绩是世界各国高中生申请美国名校学习及奖学金的重要参考。

失，还有了收获吗？

今天的天气特别暖，加上小雨，院子里的雪，一下子都融了，露出绿绿的草地。我突然想起古人的两句话——

“老年得病，如同秋雨，每场雨之后，就变凉一些；少年人得病，如同春雨，每场雨之后，就变暖一些。”

楼上传来你拉小提琴的声音。

我好像在你的琴音里听到更成熟的心情……

谈经济◎那个丑老头

『如果加拿大森林失火，非洲码头大罢工，对你会有什么影响？』

有人问老师为何考这样的题目。

老师回答：『因为我们希望孩子能从小就关怀世界，做个世界人。』

“你知道格林斯潘是谁吗?”

今天吃晚饭时，我问你。

“不知道，我只知道小飞侠是彼德潘。”你说。

“喏！你看！他就是格林斯潘，美国联邦储备委员会主席，被选为‘对世界影响最大的人’之一。”我指指电视。

你转头瞄了一眼：“他好老好丑，我不喜欢他。”

“管你喜不喜欢，你却不能不知道他。”我说，“因为他只要宣布利息调升或调降，就会影响到我们。”

“为什么?”你又瞄了电视一眼，里面正在讨论联准会降息的可能性。

晚餐时没空说，好！现在我就讲给你听，为什么那个丑老头会影响全世界。

我先问你，如果你想向银行借钱买房子，你是希望每个月付给银行比较多的利息，还是愈少愈好？

“当然愈少愈好！”

那么如果明天银行的利息变低了，原先你每个月要还银行一百块，现在只要还八十块，你是不是可能把握机会买房子？

结果你买了房子，要装修，去找小吴叔叔来装修，付给小吴叔叔钱；他有了钱，手头宽，就给他儿子比较多的零花钱；他的儿子拿钱到书店买爹地写的书；书买多了，我的收入是不是也会增加？

我有钱，会怎么样？

我可能带你们去欧洲旅行，住在当地的旅馆里。那旅馆原来生意不怎么好，突然旅游多了，旅馆老板是不是也变得比较有钱？

老板赚得多，给他太太的也多，太太拿去买衣服。那衣服是由中国进口的，做衣服的中国工厂是不是会比较赚钱？买衣服的人愈多，工厂开得愈大，请的人也愈多，是不是失业的人愈少？

失业的人少，大家是不是会比较快乐？

现在你回头想想，是不是只因为美国调降了利息，就好像打撞球，一个撞一个，影响了半个世界？

孩子！你现在已经进入初中，也应该开始关心外面的世界。

小时候，你只要作为家里的一分子。然后，你要成为班上的一分子、学校的一分子。再下去，你就要作为社会的一分子、国家的一分子，甚至世界的一分子。

这个世界愈来愈小了，你现在可以一上网就跟地球另一边的人交谈，看那里发生的事。以前隔一个山头就能换一种口音；隔一条大河，这边的事就可能传不到那一边。

但是你看看，现在的口蹄疫、疯牛病，是不是一下子就影响了全世界？

十几个钟头，喷射客机就能绕地球半圈，也把“这半球”的病毒带到“那半球”。

金钱和战争的影响就更不用说了。波斯湾才打仗，汽油就涨价；金融风暴才起，人们就一个个失业。

你能不关心世界每个角落发生的事吗？

在台湾，有位政界的名人说他是“手中无股票，心中有股价”。意思是他虽然没买股票，但总注意市场的变化，知道股价的涨跌。

他为什么要知道股价？

因为股价反映了经济状况、社会状况，它影响了投资，也影响每个人的生活。

我觉得他的话讲得好极了。同样的道理，你今天虽然还小，在银行里没有存款，利率的涨跌跟你好像没什么关系，但是你仍然应该关怀整个社会的变化。因为你是其中一分子，那变化与你息息相关。

孩子！记得你哥哥小时候，他学校的老师曾经出了一个题目考班上的学生：

“如果加拿大森林失火，非洲码头大罢工，对你会有什么影响？”

有人问老师为何考这样的题目。

老师回答：“因为我们希望孩子能从小就关怀世界，做个世界人。”

我今天也要问你：“如果明天那个葛林斯潘老头宣布加息，对亚洲会有什么影响？”

希望你能关怀世界，做个世界人。

谈积极 ◎ 再试一次就成功

有一天，每个人都说你没希望的时候，不要气馁，再试一次！

今天你的计算机出了问题，使你一直上不了网。

“一定是哥哥，不知道给我灌什么东西的时候搞坏了。”你嘟着嘴说，“叫哥哥回来修。”

“可是哥哥短期内不会回来，爸爸又不懂计算机，怎么办呢？”我说，“你再试几次吧！说不定就上得去了。”

“还是上不去。”你又试了两次。

“那就再试一次，说不定塞车，所以上不去。”

“上不去就是上不去，坏了就是坏了！”

我笑笑：“好！把机器先关掉，等下再上。”

可是隔不久，当我从书房出来，经过你门口，看你已经在网上跟同学聊天了。

“你怎么上去了呢？”我问。

“我不知道！”

好！现在我说几个故事给你听——

记得你哥哥小的时候，有一本漫画书，那上面列出一堆最让人得意的事。

譬如：“你是中年人，有一天和老同学碰面，发现大家都比你看起来老得多。”

譬如：“每个人都用尽吃奶的力气，还无法扭开的瓶盖，到你手上，轻轻一下，就开了。”

这开瓶盖的经验我也有，那时候看大家瞪着眼睛称奇，确实很得意。

可是，我发现这样打开瓶盖，不见得用了很大的力气，而是因为当那瓶子交到我手上的时候，早经过许多人拼命，几乎已经开了，只差那么轻轻一扭的力气。

我走运，正好碰上。

前两天，教育电视台播出爱尔兰移民专题，介绍一个早期爱尔兰的移民，跟他的朋友一起到个淘金小镇。

进镇前，主角问他朋友：“我身上一文不名，你有多少？”

“我有五分钱！”朋友说。

“啊！好极了，我们是有钱人，可以挺胸进去了。”主角居然笑着说。

你知道这个人后来成为全美数一数二的富翁吗？

因为当时大家都在地表淘金，他却相信地底下也有，于是他往深处挖。

那工作比在河里淘洗金砂辛苦多了，而且每天只挖出一块块坚硬的石头。但是当别人放弃时，只有他坚持到底。

结果，他挖到一个绵延几百尺的矿脉，有金又有银，而且纯度高达百分之九十。

我已经很久不曾在台湾演讲了。这件事你一定知道，因为每次有人打电话来，妈妈接电话，都会说爸爸气喘，不能讲。

在台湾，我的秘书也一定这么婉拒别人。

但是你知道去年我破例讲了一场，而且是我亲口答应的吗？

为什么？

因为那天已经很晚了，我还在办公室，突然接到一个学生邀请我演讲的电话。

“你为什么这么晚打电话来？”我好奇地问那学生，“你怎么知道我会在？我很少下班之后还在办公室的，只有今天被你碰上。”

“因为我要试一试，而且我已经试过很多次了，您的秘书都说不行，可是我还要试一次。”那高中女学生说。

爸爸真感动，加上那阵子台北天气好，我比较不气喘，居然就答应她了。

提到电话。再说件事情给你听——

有一天我有急事要向一家出版社请教，就叫秘书打电话去。

“他们下班了。”秘书说。

“你怎么知道？”我问。

“因为已经七点半了。”秘书回答，“有哪家公司七点半还不下班哪？”

我一笑，问她：“那么你现在在做什么？你不是还在上班吗？”指指电话，“你试试看！”

结果，电话居然通了，那家公司也在加班。

“你们居然也在上班啊！”他们老板笑了起来，“我还以为只有我们上到这么晚呢！”

两个人大概因为彼此欣赏那种拼命的精神，居然由请教、讨论，变成合作。

孩子，你知道我为什么要说这许多吗？

我要告诉你四个字——

再试一次！

挖一口井，在你放弃之前，再试一铲！

电话打不通，在你放弃之前，再试一次！

计划不成功，在你放弃之前，再试一次！

考试不过关，在你放弃之前，再试一次！

网络上不去，在你认定机器有毛病前，再试一次！

东西坏了，在你扔掉前，再试一次！

有一天，每个人都说不可能打开的瓶盖。把它接过来，再试一次！

有一天，每个人都说你没希望的时候，不要气馁，再试一次！

很可能，你这一试，就成功了。

谈宠物 ◎ 你懂不懂得爱？

爱是要负责的，不是只让『对方』逗你开心，你要理就理，不理就不理的。

爱需要耐心，需要恒心，需要谅解，需要宽恕。

今天我就猜到不会天下太平。

果然，你一进门就又哭又喊，接着跑来敲我的门，问我："'小银'为什么又死了？"

"我怎么知道呢？"我摊摊手。

我确实不知道啊，还是下午你妈妈来跟我说，你那条叫"小银"的鱼好像有问题。

我跑上楼看，才发现小银已经死了。

一个礼拜之内，你的四条宠物金鱼，已经死了两条，我也很纳闷儿啊！

四天前，我不是特别为你装了一大壶清水，教你滴"去氯剂"在里面，同时对你说，死了一条鱼，不知道是不是因为该换水了。如果直接换，控制不好温度，在凉水里加热水，又会造成水里的氧气不足。最好的方法就是先准备一缸水，放二十四小时，等水温变得跟室温一样，也就是跟你鱼缸里的水温相同，再换。

可是那壶水一直放在你门前，两天过去了，你都没提。

我不是昨天傍晚又问你是不是该给鱼缸换水吗?

你那时正在做功课，只应了一声“好”。接下来，吃晚饭、练小提琴，你就站在鱼缸前面拉琴，也没听你说要给鱼缸换水啊!

你现在怎能怪我没早换水呢?

孩子!鱼是你要养的，它们是你的宠物。既然你称它们“宠物”，你就应该宠它们。

你养宠物，爸爸妈妈已经够辛苦了。鱼缸是爸爸从店里抱回来的，鱼是妈妈去挑的，过滤器是爸爸组装的，水是我灌的，那些假水草和宝塔是我一样样放下去的。为了让它们站得稳，连爸爸宝贝的雨花石都拿去垫底了。又为了让你立刻看到美丽的缸景，我把骨董[1]柜的灯泡也拆下来，为你装在鱼缸顶上。

你说，从头到尾，你的工作是什么？

不过是喂它们，对不对？

喂鱼是你的特权，因为你喜欢看它们争食的样子，又说鱼认识你，会对你笑。

有一天我管闲事，帮你喂了些鱼食，你回家还发脾气，说我会把你的鱼撑死。

当你的“黑眼”死掉的时候，妈妈问你是不是因为喂太少，饿死的，你还反驳她：“鱼不知道饱不饱，它只会撑死。”又说你以前养的小白兔就是撑死的。

好！从那以后，我们再也没有喂过你的鱼，现在“小银”又死了，你是不是还认为它是撑死的，不是饿死的呢？

你是不是该打电话去水族店问问，到底一天该喂多少食物？

你是不是应该立刻请我帮你换水，而不是跑来责难我？

---

① 即古董。

你哥哥小时候也养过一只天竺鼠当宠物。刚养的时候，哥哥天天都照顾，催着妈妈为天竺鼠买饲料，还每天为它清理大便。

可是没几个星期，他不宠了，不再管天竺鼠，每次他到地下室，天竺鼠认出他的脚步声，都会尖叫，哥哥却只当没听到。

照顾天竺鼠成为我和妈妈的工作。

直到有一天，天竺鼠死了，哥哥又好伤心地把它埋到后院，还放了一大块石头，说是为天竺鼠立的碑。

我问你，哥哥真爱天竺鼠吗？那天竺鼠又真是他的宠物吗？

当然称不上！你不宠它，怎能称它为宠物？还有，即使你宠它，如果只会逗它，却不照顾它、不对它负责，它仍然不能算是你的宠物啊！

孩子！爱是要负责的，不是只让“对方”逗你开心，你要理就理，不理就不理的。爱需要耐心，需要恒心，需要谅解，需要宽恕。

如果你照顾几天之后就不管了，如果你的宠物弄脏了屋子，或是咬你一口，你就生气，不要它了。你都算不得是有资格养宠物的人。

进一步想，如果有一天你谈了恋爱，只因为男朋友令你心烦、惹你生气，你就拂袖而去，你也算不得是个有资格谈恋爱的人。

孩子，别伤心了，你缸里不是还有“大金”和“小金”吗？

它们不是游得好快，看你走近，就赶快浮到水面吗？

来！我们快为它们换水加食吧！

来！打个电话向水族店请教请教吧！

如果你发现自己过去对它们的照顾不够，就为剩下的这两条鱼多付出一些吧！

谈自制 ◎ 小姐小姐别生气

就算生气，也偷偷生气，别生气给别人看。

这样，你才算成熟，才能担当大任，也才能演好人生的这场大戏。

前几天，你三姨由新加坡打电话来，问你有没有看过李安导演的《卧虎藏龙》，你说没有，三姨就叮嘱：

“你一定要看哟！里面的女主角章子怡跟你长得很像。”

哥哥在旁边，也说：“可不是吗？妹妹跟章子怡是有点像。”

从那天开始，你就嚷着要去看《卧虎藏龙》，虽然我们一直没空带你去，但是正巧，今天报上有一帧章子怡的剧照，我就拿给你：

“瞧！这就是章子怡，还真有点像呢！”

你接过报纸，瞄了一眼，笑笑：“是有点像，但是像我发脾气的样子，不像我平常，我平常才没那么丑。”

“问题是你好像常常在发脾气哟！”我逗你。

“因为常有惹我生气的事，我当然发脾气。”你居然又嘟起嘴。

想想，你还真爱发脾气。记得两年前，我出版《做个快乐读书人》，大家看了都说，书里的你好爱哭。

可是现在，我翻翻这两年来为你写的文章，你似乎又变得好爱生气。

考试考不好，要生气；功课太多，要生气；计程车不准时，要生气；连自己的桌子太乱了，也要生气。而且把气带到外面。甚至昨天晚上，铁板烧师傅在你前面作各种表演，你都不抬头看一眼。

大小姐！你这样就不对了。气，是你自己的事，你何必把气氛带给别人呢？

你当然可以说你已经看铁板烧师傅表演几百次了，不稀奇、不要看。但你也要知道，赞美别人，是一种应有的礼貌，你没发现我每次都为师傅喝彩吗？

你已经十二岁了，应该学习做人处世了，也应该学习隐藏自己的情绪。

隐藏情绪是礼貌，也可以见出你的自制力和修养。

举个例子。当奶奶病逝的时候，如果你到外面参加同学的派对，心情不好，在那儿掉眼泪，就显示了你的自制力不佳。

你绝对不能说："我伤心，我要哭就哭。"而应该想想，当你哭的时候，是不是会造成别人不安？大家会不会因此过来安慰你，而使原来欢乐的气氛受到影响？

中国人常赞美一个人能"不迁怒"。不迁怒，是不把自己的怒气发到别人头上。即使前一刻跟别人火冒三丈，后一刻，遇到与那件事无关的人，也能隐藏情绪，表现得若无其事。

我以前认识一个在外交部做事的女生，就有这本事。我亲眼看见，她前一刻在厨房跟丈夫吵架，几乎大打出手；后一刻端着菜，走出厨房，却笑嘻嘻地招呼一屋子的朋友。

她的脸就像那扇厨房的门，门里门外完全不一样。

我二十多年前，无意中从窗外看见这一幕，心想："天哪！多假的女人！"

但是后来想想，如果她没那本事，而把怒气带到宾客之间，会是多么尴尬的场面。

谈到这一点，我也不能不赞美你哥哥。

哥哥上高中的时候，我的脾气很坏，有一天哥哥的同学找他出去玩。

哥哥没先得到我同意，就一口答应同学。我冒火了，与哥哥吵起来，甚至把拖鞋摔到墙上。跟着门铃响，他的同学已经到了。你哥哥居然打开门，笑嘻嘻地跟同学打招呼，又找个借口，推掉了约会。

那一幕，我看在眼里，觉得好佩服也好惭愧，我不能不佩服你哥哥的自制力，也惭愧自己都四十岁了，还那么控制不住情绪。

能控制情绪的人，才能有大的担当。甚至可以说，愈是高等动物，愈能控制情绪。

你看过动物影片里，狮子在草原如何狩猎吗？

它慢慢地压低姿势，向猎物移动。这时候你看它的脸，真是满布杀机。它的牙齿外露、嘴角上掀、瞳孔缩小。

但是它不叫。它能忍着冲动，冷静地一步步接近猎物，直到最有利的位置，才纵身而出。

还有，咱们家以前养的大鹦鹉，它平常都站在笼子外面，有时受了惊，飞起来满屋子串，最后撞到墙或玻璃窗，掉在地上，嘴角淌出血来。

可是当我过去，把手臂放在地板上，它居然都能心平气和地自己走过来，站上我的手臂。

每次我带它回笼，心里都紧张，怕它情绪不稳，咬我一口。可是，它没咬过一次。

所以我也佩服那只大鹦鹉，觉得它不愧是“猛禽”。

愈是“猛禽”“猛兽”，愈安定，愈能做到“突然临之而不惊，以无故加之而不怒”，也愈能不迁怒。

噢！对了！记不记得我们看过的歌剧《西贡小姐》？

记不记得里面演那个坏蛋的中国演员王洛勇？《纽约时报》说他给剧中那个“皮条客”赋予了新的诠释，所以能从许多二线演员中脱颖而出，在百老汇挑大梁。

昨天电视新闻报道，《西贡小姐》经过六年的演出，终于要在百老汇落幕了。

新闻中也访问了王洛勇。你猜王洛勇认为演《西贡小姐》最难的是什么吗？

不是一年五十二个星期、每星期八场戏的辛苦，而是如何保持一样高昂的情绪。

王洛勇说得很好：

“你不能因为要报税了，心里不高兴，就让当天的观众倒霉，看你二流的演出。无论你高兴不高兴、身体舒服不舒服，甚至嗓子好不好，你都得维持同一种水平、作百分之百的发挥。”

说了这么多，大小姐！你听懂了吗？

谈规矩

◎ 虽然你喜欢，但是不可以

打牌有『牌理』，游戏有『游戏规则』，各地有各地的民俗，当你参加那个属于大家的活动的时候，就不能不考虑约定俗成的规矩。

今天你一进门就嘟着嘴说："法文老师不讲理。"

"怎么不讲理呢？"我问。

"她考法文，除了原来的题目，还出了个加分题，答对了可以再加十分。"你气呼呼地说，"我明明写对了，却只加五分。"

"加五分也不错了啊！"我笑笑。

"可是我认为应该加十分，就去跟老师争，她偏不给，所以我不高兴。"

"为什么不给呢？"我又问。

"她画了四格漫画，里面每个人说话的框子都空着，要我们自己想，自己填。我填得都对，可是老师说我的方向不对，所以只能算一半。"

"什么方向不对？"爸爸也不懂。

“就是从左向右看，还是从右向左看嘛！”你把考卷掏出来，指着那四格漫画，“老师说一定要从左向右看，我偏偏写成从右向左看。”

“中国人就常从右向左看啊！”我说。

“对啊！”你叫起来，“我就跟老师这么说啊！可是老师说法国人都是从左向右，不能从右向左，所以我认为老师不讲理。”

我当时不知讲什么好，但是现在我要跟你说几个故事。

我高二时，已经得了两次全台湾学生画展的大奖，人人认为我有绘画天才。

有一天，地理老师把我找去，说校外举行地图比赛，要我画一张去参加。

我兴奋极了，回家立刻动工，先打格子、算比例、用铅笔描出“等高线”，一点点着色，用黑色的笔勾出河流和城市，再以“宋体字”写出各地的名称。

足足花了一个多礼拜的时间，地图终于完成了，怎么看，都像一张印刷的，工整极了。

我得意地拿去给地理老师，猜想她一定会大吃一惊，不相信我能画得那么好。

老师打开地图，果然大吃一惊，但是接着她的眉头皱了起来："为什么原来应该低的地方是绿色的，高的地方是褐色的，你画的却相反呢？"

"我改了！"我得意地说，"您看！图例上我也改了，因为我觉得低的地方是城市，建筑物多，应该灰灰黄黄的；山上都是树木，所以应该是绿色。"

老师却把脸拉下来说："但是大家都那么画，画了几百年了，你改变它，人家怎么看？就算看得懂，也看不习惯啊！"地理老师居然把我一个多星期的心血退回，连送出去试试都不愿意。

我永远不会忘记那天把地图带回教室，同学们都盯着我看的感觉。

大概就跟你今天一样吧！认为自己明明做得比谁都棒，却没得到奖励。想想，你今天还拿了一半的分数，我当年却连一分也没拿到，不是更惨吗？

如果你是我，你气不气？失望不失望？

那件事，我气了好多年。但是后来进入社会，愈来愈成熟，愈来愈认识这个世界，就渐渐不气了。因为我开始了解，我们是生活在人群之中的，就不得不遵守人群里许多“约定俗成”的规矩。

记得我在大学时代，有一次参加辩论比赛，对方的人因为逻辑有漏洞，我没几句话就把他给辩倒了。可是成绩出来，我精彩的演出，却没得到最高分。

为什么？

因为评审老师说：“规定每人发言三分钟，你只讲了四十秒，所以要扣分。”

“我四十秒就把他辩倒了，何必啰唆，硬拖上三分钟呢？”我不服气地问。

“因为这是规定，时间超过要扣分，不到也得扣分。”评审老师摊摊手。

同样的情况，当我参加画展，参展的办法总是规定尺寸，既不能大于多少，又不能小于多少。

我也曾经去抗议：“既然是画展，就该让艺术发挥，一张好画，就算不过一尺大，也是好画，何必硬性规定？”

“我们几十年办下来，都这样。”主办单位说。

连出版画册，我都做过一件不讨好的事，就是为了表现得跟别人不一样，要求装订厂把书做大一点。

画册出来，人人叫好，也在画展上卖了许多。可是画展之后，送到书店，却被退回不少。

你知道为什么吗？

因为书的尺寸太特殊了，比标准的尺寸高了一厘米半，书店的架子塞不下去。

孩子！知道我为什么说这些故事吗？

我是要告诉你，在这个世界上，我们虽然可以照自己的想法去做，只要自己认为对，就勇往直前。但是也要知道，打牌有“牌理”，游戏有“游戏规则”，各地有各地的民俗，当你参加那个属于大家的活动的时候，就不能不考虑约定俗成的规矩。

中国人常说“入境而问禁，入国而问俗”。意思是当你进入一个新地方之前，应该先问问人家有什么禁忌；当你进入一个新的国境的时候，最好先了解别人的习俗。

你今天还小，还不会有这样的感触。但是当有一天，你走向外面的世界，就会逐渐了解那句话。

别为法文老师坚持漫画要“从左往右看”生气了吧！

因为那是法文啊！

说不定哪一天，你法文老师学中文，看中国古书，就不得不乖乖跟着你，从右向左看了！

谈取舍 ◎ 谁能样样拿第一

成长是学习取舍，成熟是知道取舍。

只有知道世上的事，有些办得到，有些办不到，不可能样样拿第一的人，才是成熟的人。

今天晚上，当我过去亲你的时候，你不但没回亲我，还对我做出很奇怪的声音，噘着嘴说：“不要捣乱嘛！我明天要考三科。”

看你没好气，我只好赶快躲开，但是当我跟你妈妈提起的时候，她却说她去亲你，你就没“作怪”。

所以妈妈说你把爹地吃定了。

不管你是不是把爹地吃定了，爹地在这儿还是要跟你讲个道理。

你知道哥哥小时候也跟你一样，什么都想拿A吗？

他有一次准备个考试，熬夜熬到四点才睡。你猜结果他考了几分？

他没考到一分，因为他熬夜太累，第二天起不来，没去上课。

或许你要说，你从来都起得来床，熬夜没关系。但是你想想，前些时你碰上考试，却生病，会不会就因为看书看得太狠了呢？

自从上初中，你就很少能十点钟上床了。

这种情况，不会发生在小学，因为小学的科目统一，由导师控制。现在则是选修，常常有好多功课和考试挤到同一天，使你闲的时候没功课，忙起来又应接不暇。

这不能怪老师。

因为当你有一天进入社会，也可能今天闲死，明天累死。如果你不能在学校练就一身功夫，将来怎么应付？你必须知道怎么"积谷防饥、未雨绸缪"。

举个例子，我的出版社，必须随时注意库存，非但不能等到空了才印，甚至在还有很多存货的时候，就得提早印。

为什么？

因为下面很可能是月底，过了每个月的二十号，印刷厂常会为印杂志而忙得不能接件。所以我们必须算，如果下面是月底，没办法印书，仓库里的书够不够应付？不够，就得赶在二十号之前印刷。

在商场上，只有那些把“库存量”控制得恰到好处，既不积压成本，又能应付市场的人，才能成功。

谈到商场，你知道工厂常会因为忙中有错而被罚吗？

我就曾经在一个朋友的办公室，看见他在电话里对别人致歉，表示愿意被罚钱。

那朋友放下电话，居然笑嘻嘻的好像没事。我当时好奇地问：“你被罚了钱，好像很不在意，真不简单。”

你猜他怎么说？

他说：“本来就接不了那么多订单，因为怕客户被人抢走，只好硬接，当然也难免出错。这些错是早就算在成本里的，有什么好不高兴呢？”

我后来常想他这几句话，甚至自我检讨！

过去我什么都要最好的，当诸事临头，不但接下来，而且想要样样完美，最后非但忙中有错，还可能把自己累垮。

这样划得来吗？

那位商场的朋友说得对。“只做一件事”和“不得不同时做许多件事”，你必须对自己有不一样的要求。

世界是公平的，每个人的时间都一样，你再聪明、再敏捷，也不可能样样完美。所以，你先得告诉自己，今天事情接得太多了，我不可能每样都拿 A。

说到这儿，你又面临了抉择。当你不能样样拿 A，又非得应付许多科的时候，你是让一科拿 A++，其他都不及格呢，还是有些拿 A，有些拿 B 就成了？

这必须由你自己决定。

从小到大，你不是已经做过许多取舍了吗？七岁的时候，你为了学溜冰，而放弃学芭蕾；最近，又为了学小提琴，而放弃溜冰。

然后，你再为了小提琴，而把钢琴由你的“第一乐器”，降为“第二乐器”。

既然你知道时间有限、精力有限，你不能什么都学、什么都好，又何必为了同时有好几科考试，有些考得好，有些考得差而不高兴呢？

孩子！成长是学习取舍，成熟是知道取舍。只有知道世上的事，有些办得到，有些办不到，不可能样样拿第一的人，才是成熟的人。

孩子！别总是为一下子功课太多、考试太多而焦虑不安了！

只要你在闲的时候，没有浪费时间，就允许自己忙中有错吧！

当爹地明天再去亲你的时候，可不许你再噘嘴作怪了。

谈学习 ◎ 不上学真好

如果爸爸妈妈真把你留在身边，不要你长大、不要你上学，你能不跟我们吵，甚至最后爬墙跑掉吗？

傍晚，下雪了。

你不停地跑到窗前张望，边看边顿脚：

“为什么不下大一点？”

“你喜欢看大雪啊？”我过去问你。

“我喜欢不上学。”你又顿了一下脚，“可是要下六寸以上，学校才会关。”

“你以前不是很喜欢上学吗？”我笑笑，“记得以前放假放长了，你还不高兴。”

“可是我现在不喜欢上学了，我喜欢在家。”

听你这么说，我一点也不惊讶，因为我像你这么大的时候，也不喜欢上学。

刮台风，大人都操心，我却很兴奋，甚至偷偷祈祷：“台风可别转向，风雨也最好大一点……”电线被吹断了，更棒！在烛光前可以做各种手影，烛光下可以讲鬼故事。如果台风不过去，明天不用上学，今天还能晚睡觉。

当我将这往事说给你听的时候，你笑了。

说中你的心了，对不对？

问题是我要问你，如果今天下大雪、明天下大雪，连着一个礼拜都没办法上学，你是不是还会那么开心呢？

恐怕就不开心了，对不对？

为什么？

“因为功课耽误太多了，因为会好久看不到同学。”

想上学，又不想上学。这有多矛盾啊！但是我要说：“这并不稀奇，因为我们每个人都活在类似的矛盾当中。”

好比我们去旅行——

刚出发的时候，真兴奋！天天四处玩、天天吃餐馆。但是渐渐地，我们开始想家，当家门近了，又会说：“回家了！真好！”

你说，是不是跟你上学一样矛盾？

人的一生都活在这种矛盾当中；人的可爱，也就在有这“一动”与“一静”之间的矛盾。

小时候，你总想偎在父母的身边。但是当你长大了，开始往外看、往外跑，愈来愈觉得外面的世界才可爱。

所以中国人说“女大不中留，留来留去留成仇”。

如果爸爸妈妈真把你留在身边，不要你长大、不要你上学，你能不跟我们吵，甚至最后爬墙跑掉吗？

记得你哥哥在哈佛心理系的时候，曾经做了个试验——

他们把盐、糖、面、青菜，各种“好吃”与“不好吃”的东西，摆在许多幼儿面前。

那些娃娃自己用手抓抓这个、抓抓那个，放进嘴里。

有些东西，譬如盐，娃才放进去，就吐出来，甚至气得哭。

问题是，经过长期观察，发现那些娃娃虽然不爱吃，但如果是身体需要的，他们到最后还是会忍着咸、忍着苦，往嘴里送。

读书也一样，是人的本能。

你可能因为考试太多、功课太多、压力太大，或学的东西太枯燥，而不想上学。但是真给你自由，后来你却可能自己去求学。

你不是读过许多小牧童、小乞丐，躲在私塾门外偷听的故事吗？没人逼他们念书，他们正该高兴啊！为什么反而要偷偷学呢？

在英国有个“夏山学校”更有意思，他们随便孩子，要上课就上课，不想上课就出去玩耍，可是经过一段“玩耍”之后，绝大多数的孩子都回到了教室。

还有，你知道我小时候最羡慕谁吗？

我最羡慕王子。我想做王子真好，不会被逼着念书。

可是，后来有机会看到清朝那些皇太子、大阿哥念的书和课程表，才吓一跳：“天哪！他们怎会这么辛苦、学这么多？”

说到这儿，电视里正播出野生动物的影片。

几只小狮子在追一只刺猬。狮子妈妈在旁边看，看小狮子被刺扎到，不断甩着头、在地上翻滚，想把刺弄掉。妈妈却不过去帮忙。

接着，是兀鹰的画面。那外号叫“食骨鹰”的大鸟，专找猛兽吃剩下的骨头。

它们把骨头叼着，飞到高空，再松口，让骨头落到地面摔碎，接着飞下去吃里面的骨髓。

一只刚会飞的小兀鹰，也试着叼骨头往上飞。只是骨头太重了，飞不起来。它换了块小骨头，却又因为太轻、太小，摔不碎。

它就一直试、一直试……

大鸟也没过去帮忙。

你知道我有什么感触吗？

我觉得你就是那只小狮子、小兀鹰，你被刺猬扎伤了，你叼不起大块的骨头。

你好累，只盼下大雪、不上学。

我不说话、不帮忙，也不责备。因为我知道，不必管你，你也会继续学下去。

连野兽都好学，何况你呢！

谈奉献 ◎ 先奉献的爱

中国人在这儿愈来愈成为主人。

不是因为我们抗争，而是因为我们参与公益活动，为这个社会做出奉献。

今天真是破天荒，你八十二岁的公公和婆婆都上台表演了。当然还有你的压轴好戏。

下午两点，我们全家就前往老人中心。我最可怜，一到就被你们冷落在一边。

妈妈带着你去化妆，公公婆婆跑去做出场前最后的练习，我只好帮着慈济功德会的人排位子。

慈济人来了不少，全是我们这一区的，她们在厨房里跑进跑出，准备各种美味的素食和茶水。连那些高中的大哥哥大姐姐都来了，除了为老人们端茶，还准备在晚餐时服务。

白头发的老人们一一到了，都是附近老人公寓的，听说中国社团要为他们准备个新年餐会，都早早就报名参加。

多有意思啊！由“小小孩”和“老老人”，为老人们作各种表演，主持节目的则是个高中的中国女孩。

第一个节目是由四五岁的小娃娃表演采茶舞。那些娃娃真可爱，使我想起你小时候，到医院去表演山地舞给病童看。

由幸福的孩子表演给不幸的孩子看。每次我看到癌症病童们挂着点滴，欣赏你们表演的照片，就有很大的感触。

为什么这世上有那么多不幸的人？

为什么老天爷那么不公平？

如果老天爷没能公平，就让我们用人间的爱去填平吧！

公公和婆婆出场了，这是我第一次看公公表演。

讲句实在话，我很难相信军人出身、平常不苟言笑的公公，居然会跟着一群老先生老太太，一起演出“手语舞蹈”。

他们的表演也令我惊讶，手语舞蹈居然能那么美。

还有，由老人们脸上的表情，我看到一种特殊的祥和。

中国老人的表演赢得美国老人热烈的掌声，我觉得那掌声也很特殊，不但是老人为老人鼓掌，也是“上一世纪”为“上一世纪”喝彩。他们都是上一世纪的中坚，经历了第二次世界大战，创造了人类史上最繁荣的年代，然后，到这一世纪老去。

经过古筝、功夫和彩带舞，终于轮到你们七个女生演出“连厢舞”了。那是你们练习三个月的成果，果然得到老人最热烈的掌声。

吃饭了。老人中心的安排很好，由义工一桌桌请老人去排队拿食物。再由那些大哥哥大姐姐，站在桌子后面，一勺勺为老人装到盘子里。

慈济人做的食物色香味俱全，当美国老人听说全是素食的时候，都惊讶得不敢相信。

我最感动的还是看到那些平常静不下来的大孩子们，排排站，亲切地为老人服务。

我发现海外华人的下一代，即使平常顽劣，只要有向西方人展示母国文化的机会，都会一下子成为“小主人”。

对！小主人。

在白人为主的社会，无论我们住多久，都有作客的感觉。只有当我们进入图书馆，站在中国书的部门，或是在中国节日，白人来做客的时候，我们才觉得真正成为主人。

但是我也要说，我们是愈来愈变成主人了。

因为图书馆发现中文书的出借率最高，而且大量买中文书；美国学校由早期小学里的“中国之夜”，延伸到初中、高中。我们家附近的高中，已经年年办中国之夜，而且完全由大孩子们自己组织，父母都不必插手了。

中国人在这儿愈来愈成为主人。不是因为我们抗争，而是因为我们参与公益活动，为这个社会做出奉献。

当那些原本有种族歧视的白人，发现每天定时到医院领取餐盒，再开车为独居老人送饭的竟是中国人，发现在街头施粥奉茶的竟然是中国社团的时候，他们能不惭愧吗？

餐会结束，老人们兴奋满足地离开了。大家开始收拾东西。我在门口看见葛医生的太太，邀请我们去参加下星期的“大爱之夜”。

我对她说：“我们当然会去，因为我女儿也要在里面演出。”

然后问她为什么今天没见到葛医生。

“他临时赶去萨尔瓦多，那里大地震，慈济要他立刻赶去，这里还有好多人跟着要去救灾……”

听到她的话，你能不感动吗？

你能不以身为炎黄子孙而骄傲吗？

谈关怀 ◎ 校园枪响之后

如果没有人被欺负、没有人被歧视、没有人被孤立、没有人去仇视，只有人被关怀，那校园凶杀还可能发生吗？

“老师说只要有同学威胁你，就算他是开玩笑的，也要向大人报告。”你今天一进门就说。

然后看看爸爸和妈妈：“你们一定不能随便听听，你们要小心听！”

“这是什么意思？”我不懂。

“老师说，前几天在圣塔纳高中开枪的那个男生，最少跟四个同学说他要带枪到学校，就因为那几个同学以为他只是说着玩的，没有报告，所以死了两个人，还有十三个受伤。”

然后，你拿出老师发的好几张剪报，剪报上还画着线、打着星星。因为老师不但要你们看，还得写阅读报告。

我翻了翻剪报，上面写那个行凶的高中生，因为个子瘦小，招风耳，嗓音又尖，常被同学欺负。同学不但打他、偷他的东西、对他吐口水，还用装了尿的水枪喷他。

报道中又说，那些被同学排斥的，被同学叫成书呆子、小瘪三的“边缘人”，也是最容易有暴力行为的人。

“所以以后不能随便欺负同学。”我感慨地说。

没想到，你立刻叫起来：“本来就不能欺负同学！那两个吐口水、用尿喷人的，都被打死了。”

隔了一阵，又过来讲：“还有那个学校的警卫。被欺负的学生曾经向他报告，警卫不但不听，还笑他，结果那个警卫也被他开枪打伤了。”

听你说了一堆，好！现在轮到我说了——

你说你绝不会欺负同学，我也相信你不会欺负别人，但是你敢说自己绝不会排斥别人吗？

你不是常讲，不欣赏某个男生，说他太皮，你讨厌他，他惹你，你就踢他。又说不喜欢哪个女生，因为她好假、好会装吗？

相对地，你是不是会特别欣赏几个人，总跟那几个女生在一块儿？甚至坐车的时候，都要挤在一起？

你知道，有时候你换座位，都可能成为排斥吗？

说件真事给你听——

前几年，我在台北成立了“青少年免费咨商中心”，有好多中学生来跟我聊天，倾诉他们最苦恼的事。

有一个女生，才比你大一点点，一边说、一边哭，原因是她在班上被别的女同学排斥。

而她被排斥，却是由于她有一次在公共汽车上坐错了位子。

那一天，她和几个要好的女生一起上车，车上有空位，但是空位的旁边，已经坐了一个“她们”不欣赏的女生。

几个女生就说：“讨厌鬼在那儿，不要过去跟她坐。”

可是这女生看那位子空着，而且“那个女生”正露出邀请的目光，就过去坐了。

从此原来跟她好的女生居然不理她了，把她也列为讨厌鬼。气得她好几个晚上睡不着觉，功课一下子掉下来，甚至气得要自杀。

你说，是不是连坐车都能表现对别人的排斥，都可能伤害人，或被别人伤害？

孩子，你马上就要进入青春期了。

青春期就像春天，好舒服、好可爱，使你巴不得马上跑出去，享受那种春暖花开的感觉。

青春期的孩子，也渐渐有了自己的看法。开始觉得爸爸妈妈说得不一定对，反而同学说得有道理。

你会好高兴，发现好多同学跟你有一样的看法，父母不谅解的，他们谅解，他们由你的“知音”，成为你的“知心”。

渐渐地，你有什么小秘密，都不跟爸爸妈妈说，而去跟你的“知心”说。

于是，你们画出小圈圈，几个“志同道合”的，总是聚在一起。至于那些看法跟你们不一样的，甚至只是声音怪一点、肤色不同些，或是家里管教特殊一点的同学，都被你们排斥在小圈圈之外。

孩子，想想！如果有一天，你有了这样的小圈圈，那些被排斥在圈圈之外的同学会不会很伤心呢？

她会不会偷偷哭，觉得自己好孤独，人生好乏味？

你只知道她功课一落千丈、眼神里充满恨意，而且愈来愈不合群。岂知道，她的这一切，可能跟你有关？

孩子！我也有过青春期，那时候我念大同中学，总跟几个要好的同学，沿着新生南路，走路回家。

但是，我们从来不要另外一个同学加入，远远看见他也在路上，就故意放慢步子，把距离拉开。我们甚至偷偷用泥巴扔那个同学。

我们还编各种故事，讽刺那个同学，说他家养的猴子像他一样，小气贪心，有一次同学去他家，掉了一个五毛钱的硬币，立刻被猴子抢去吞进肚子。同学气了，过去掐住那猴子的脖子，叮叮当当，猴子居然吐出十几个硬币。

我后来常想，那个同学有什么地方不对？他一点没有不好，只是特别会K书，K书的时候不理人，又不“泄答案”给别人。

他是对的，没有不对，我以前为什么排斥他？大家又为什么要编故事去伤害他？我也常想，而今他在哪里？还可不可能见面？觉得对他有好多好多亏欠。

孩子！世界这么大，能够住在同一地区，进入同一个学校，真是了不得的缘分。

所以当老师告诉你们，如果有人敢恐吓你们，可以随时向师长报告，学校会立刻把“坏学生”停学的时候；当“家长会”催促学校装设各种监视设备和金属侦测器，防止校园暴力的时候。

我心里想的，却是教你怎么去关怀同学——

当你和同学笑作一团的时候，要注意那躲在角落没有笑的人；当你为成功高兴的时候，要安慰那些失败者。当外校转来新生的时候，别怕他跟不上，拖垮全班的成绩，而要想想如果有一天你自己成为转学生，会不会遭遇同样的困难。

还有，当你坐在一个位子上，看到别人招手要你过去时，你应该先跟旁边的人打个招呼，说：“对不起！他们可能需要我，如果你不介意，我就过去。”

你想想！如果没有人被欺负、没有人被歧视、没有人被孤立、没有人去仇视，只有人被关怀，那校园凶杀还可能发生吗？

谈单亲 ◎ 她为什么不离婚？

在婚姻的路途上，我们都要
有希望、信心、忍耐与自主。
有希望，使我们能憧憬未来；
有信心，使我们能做出抉择；
有忍耐，使我们能度过苦难；
有自主，使我们能不受摆布。
希望你能想想我的这几句话，
祝福你未来有个白头到老的婚姻。

晚上，我在听CD的时候，你过来抱怨声音太响，临走又加一句：“为什么爹地总听这个人的歌？”

“因为她唱得好听啊！”我说，“而且我佩服她。”

“佩服什么？”本来你已经上楼，又走下来问。

“佩服她的忍耐力。她结婚十年，丈夫只跟她亲爱了一年，她忍耐了好多好多年，才离婚。”

“是先亲爱还是后亲爱？”你问了个奇怪的问题。

“当然是起初亲爱，后来就不亲爱了。”

你居然一翻白眼：“那她为什么不早早离婚？”

“离婚？”

“大家不是都离婚吗？”你歪着脑袋说，“我同学好多爸爸妈妈都离婚了。”

我吓一跳，不知怎么答，却听你继续发表高论。

“像丽莎，她妈妈离婚，又交了个有钱的男朋友，搬到一栋大房子，真好！”

“天哪！”我摸摸额头，没继续说什么。

回到起居间，对你妈妈一伸舌头：“我的天哪！现在的小孩居然对父母离婚看得这么平常。”

你妈妈也耸耸肩，隔了半天，说：

“大概他们学校灌输给他们不少对父母离婚的看法吧！”

说着，妈妈掏档案夹，找出一张学校通知给我看：

“你瞧！这是不久前学校发的，每个家庭都有，建议那些父母离婚或单亲的孩子，去参加学校办的咨商会。由一群单亲的孩子在一起，各自说出心里的感觉。听说效果很好，原来因为父母离婚，心里很不平的孩子，看到有那么多相同遭遇的孩子，就不觉得怎么样了。”

“哦！”我看了看通知单，上面特别解释了为什么给每个家庭一份通知，即使父母没有离婚的家庭，也可以让孩子参加。

我觉得学校考虑得真周到，因为父母没离婚的家庭，并不代表没有婚姻问题，有时候冷战的父母反而给孩子更大的伤害。

那些孩子可能比单亲家庭的孩子，更需要心理辅导。

我也觉得学校这方面的教育做得很成功。

像你，自自然然地就不会以特殊的眼光看单亲家庭的同学，你不去刻意同情他们，他们也不需要你同情；大家一样，就如同每个人有每个人的家庭状况，有人富裕，有人贫苦；可以羡慕，不必自卑。

最近我读了一篇单亲妈妈蒋海琼写的文章，谈到她带着女儿刚到美国的时候，一个中国朋友说："你的孩子一点也不像单亲家庭出来的。"

那明明是句奉承话，蒋海琼却反问："难道单亲的孩子就应该有什么不正常吗？"

她讲得一点也没错！以不同眼光去看父母离异的家庭和单亲的孩子，就如同以特殊眼光看残障人一样，并不是最好的态度。

当大家都能像你一样，以平常心对待每个单亲同学的时候，才是最正常的。

我也记得不久前看过一份分析报告，说单亲的孩子一点都不比双亲家庭的孩子差。如果有什么不同，可能只是因为单亲的经济情况比较差。一个人赚钱，毕竟不同于两个人。

去除经济的因素，单亲家庭实在跟双亲家庭没有区别。甚至可以说，许多单亲的孩子，因为跟爸爸或妈妈相依为命，而有更好的情感，并且培养出他们更奋发向上的毅力。

你知道孙中山和华盛顿都是单亲吗？

（孙中山是早早跟着母亲去檀香山，离开了父亲。）

你知道托尔斯泰和川端康成是单亲家庭的孩子吗？他们却分别成为俄国与日本的文豪。

你知道孔子也是单亲家庭出身吗？

他居然成为全世界尊崇的圣哲。

连爹地都在九岁死了爸爸，跟你奶奶两个人相依为命，爹地一点也没觉得单亲家庭有什么不同啊！

但是说到这儿，我又要从另一个角度跟你谈谈。

记得三年前，我曾经把你抱在膝上问你：

“爸爸妈妈会不会永远爱你？”

你答：“会。”

我又问你：“那么你会不会永远爱爸爸妈妈？”

你也急忙点头：“会。”

我再问：“你会不会永远爱你丈夫？”

你想想，说：“会。”

我还问：“你丈夫会不会永远爱你？”

你想了半天，答：“不知道。”

去年，我又问你同样的问题。

你的答案多半没变，只是当我问“你会不会永远爱你丈夫”的时候。

你居然一笑，说：“不知道！”

我今天看了你对离婚的看法，再想想你的答案，实在有点为你操心。我真怕你把婚姻关系看得太淡，又把夫妻情感看得太可悲了。

毕竟你将来会谈恋爱，会找到你深爱也深爱你的人，如果你连结婚的时候，都不能肯定你们的情感，又如何憧憬长远的岁月呢？

在婚姻的路途上，我们都要有希望、信心、忍耐与自主。

有希望，使我们能憧憬未来；有信心，使我们能做出抉择；有忍耐，使我们能度过苦难；有自主，使我们能不受摆布。

希望你能想想我的这几句话，祝福你未来有个白头到老的婚姻。

谈体谅 ◎ 当大家脸色不好的时候

每个人都有他隐藏的情绪。

当你关心一个人的时候，不但不能对他失常的行为不高兴，反而要帮他想：『他是不是身体不舒服？是不是遭遇了什么事？他今天对我这么不好，是不是因为他考试考坏了？他今天这么凶，是不是因为在家里挨了骂？』

今天晚上我们看了一部哈里森・福特早期的电影*Regarding Henry*。他在片子里饰演一个纽约的名律师，思想细密、词锋锐利，能够在陪审团面前侃侃而谈，把明明会输的官司都打赢。

他不但在法庭上凶悍，连对十二岁的女儿都不放松，他把孩子送进严格的住宿学校，挑剔孩子的一举一动，连孩子打翻一杯果汁，都要被他当作罪犯来审问。而且在训完话之后，得意地说：

“看！我赢了！”

但是片子里哈里森的运气不好。有一天晚上他去买烟，遇上抢匪，被打了两枪，一枪打在前额，造成他左边瘫痪；另一枪更严重，因为打中腋下的大血管，造成大出血，脑缺氧……

在医院醒来，他什么都不记得了。不能说话、不能行动，甚至连妻女都不认识。

他得一切从头开始，学说话、学步、学识字、学认人。他真是“重新做人”，连个性都改了，成为一个“新人”。

当他重新能够阅读，看到自己以前的档案时，他惊住了：“为什么我以前把重要的证物藏起来，昧着良心，打赢官司？”

他居然偷偷把证物送给“苦主”，使苦主能够平反。

然后，他辞去了过去热爱的律师工作。

看完电影，我问你：“这电影里你印象最深刻的是什么？”

“是那律师生病回家之后，女儿打翻了果汁，他不但不生气，还说：‘那有什么关系？每个人都会犯错。’接着开玩笑地把他自己的杯子也推倒。”你说。

“对！我也觉得那最有意思。”

“好奇怪！他生病之后全变了。”你又歪着头说，“要是以前，他一定会把女儿骂死。”

“是啊！”我一笑，“所以有时候你觉得爸爸妈妈脾气大，要想想，说不定那只是一时的情绪。所幸我和妈咪的脾气多半的时候都很好，对不对？”

“对！”

我们的情绪确实多半都很好，但是我必须承认每个人都有情绪高潮与低潮的时候，那是无法避免的，可能像片中的哈里逊·福特，因为工作压力太大而脾气不好，也可能因为身体太累而情绪不佳。

记不记得上上礼拜，我们一家去花圃买花，回程我问妈妈要不要换哥哥开车，妈妈说不必了。然后我对哥哥说：“你妈不舒服，换你开。”

哥哥不信，问妈妈是不是不舒服，妈妈摇头说没有。

可是当我坚持，要妈妈在路边停车，换你哥哥开之后，你妈妈终于承认她的头好疼。

记不记得哥哥当时不高兴地问妈妈为什么不早说，又很奇怪地问我：“你怎么知道妈妈不舒服？”

“因为她在花园的脾气有点急，所以我急着往回赶。”

还有，前几天郑医生请客，吃到最后一道鱼，我说鱼太好了，要你无论如何吃一点，然后给你夹的时候，妈妈阻止我说："她吃饱了，就别勉强她了。"

那时候我就知道妈妈一定胃痛，因为她的脾气急了。

果然，才回家，妈妈就抱着肚子，躺在床上。

不但妈妈如此，我也常有情绪不佳的时候。

记得妈妈有一次跟你哥哥打电话，对他说："你爸爸最近总提到你，他一对你放心不下，我就知道他的老毛病又犯了。"

你说奇怪不奇怪？当我操心哥哥的时候，你妈妈反而回头来操心我。

问题是，她说得一点没错，我确实在身体不好和情绪低潮的时候，特别会操心你哥哥。

我说这些，是要你知道，每个人都有他隐藏的情绪。当你关心一个人的时候，不但不能对他失常的行为不高兴，反而要帮他想："他是不是身体不舒服？是不是遭遇了什么事？他今天对我这么不好，是不是因为他考试考坏了？他今天这么凶，是不是因为在家里挨了骂？”

当你这么想的时候，你就非但不会怪他，还会去同情他、安慰他。这比你去怪罪他、责难他，使他雪上加霜，不是好太多了吗？

孩子！人是很奇怪的动物——耳朵不好的人，常对你说话特别大声；眼睛不好的人，常怪你的字写得太小；堵车的人常脾气急；饥饿的人常火气大；健忘的老人常多疑；疲困的小孩常爱哭。

所以每当父母的脾气急、公公的脸色坏、婆婆的声音大、老师的情绪低、同学的礼貌差的时候，都想想我今天对你说的。

你一定就能像个小太阳，从那些乌云的背后，露出你的笑脸了！

谈学习 ◎ 你的书里有神吗？

那些书是不是也因为我常翻、常读，伴我食，随我眠，而有神？抑或它们还只是一本本冷冷的书，没有生命，早被遗忘？

你的钢琴老师江天，昨天来教琴，当你去找琴谱的时候，他就很高兴地自己演奏起来。

“史坦威专属演奏家”果然不凡，整个房子都充满他热情洋溢的琴音，尤其弹到强烈处，连地板都震动了。

“这琴还可以吗？”看他告一段落，我过去问。

“很不错！很不错！虽然你说已经买十几年了，可是一弹就知道，没经过我这样的人弹过。”江老师笑着说。大概看我不太懂，又加了一句：“就是像我这样专业的人砸过。”说着，双手挥舞，“砸”出一串音符。

“经您这样用力弹过的琴，会不会容易折旧？”我问。

“差的琴会，但如果是好琴，砸上两年，感觉反而更好。”

他伸手到琴盖下，指指里面的木槌：“这槌上棉垫子的撞击会不一样。”歪着头笑笑接着说，“说不上来，反正就是不同。有一种更充实饱满的感觉，那是‘有神’。”

他这番话使我想起有一次在台湾跟朋友去郊游，大家坐在大石头上聊天，朋友两个顽皮的儿子闲不得，攀上旁边的大树。

“下来！”朋友的太太吼，“危险！”

“他们是爬树专家了。”朋友不以为然地说，“成天看见他们在公园里爬树，你不是都不管吗？”

“公园里的树不一样！”

“有什么不一样？”

“公园里的树，从小树就一堆孩子拉着枝子荡秋千，一路玩、一路爬，那树早习惯了被人爬，孩子也都习惯了爬那棵树，当然不一样。”朋友的太太一边说，一边过去把那两个孩子拉回来，“树也有灵性啊！你们懂吗？这叫有神！”

提到有神，记不记得会来咱们家做客的熏仪，她有一阵子专门研究布袋戏，成天往戏班子跑。

“研究这么久的布袋戏，有什么心得？”有一天，我问她。

“有有有！就是布袋戏偶跟人一样，要常玩！”

“这是什么意思？”

“意思是，你要以对真人的态度，来对待那些木偶；你要常玩它、常逗它，它才会高兴。”她咯咯地笑了起来，“老师，你相信吗？几个布袋戏偶挂在那儿，你很容易就能看出来，‘谁’常被把玩，‘谁’又总被冷落。”

“常被玩的大概看来比较旧。”我不以为然地说。

“常被玩的比较有神。”她答。

再给你说个故事，大学时，我上国画大师黄君璧老师的课。

黄老师在教桌上一张张检视学生的作品，常常看到一半，抬起头，伸出手：“把你的毛笔拿来给我。”

学生赶紧回座位拿毛笔。

“把剪刀递给我。”黄老师又一伸手。

大家就知道，老师要修理毛笔了。

天哪！一支日本制的“长流”毛笔，要花掉学生十天的饭钱，黄老师居然用剪刀狠狠地剪去了笔尖的细毛。

“你的笔太新，点不出好的‘苔点’（山水画中通常点在岩石和树皮上的点子）。我帮你做旧。”黄老师一边剪、一边说。又叹口气：“唉！新笔容易得，老笔不容易得啊！真正好用的笔，还是得跟你几年之后，才成啊！”

“才成什么呢？”有一次我问。

“有神！”黄老师大声地回答。

我们常说：“读书破万卷，下笔如有神。”

这神，可能是神来之笔，因为“熟”而生的“巧”。

这神也可能是一种气质，在自然间流露的神韵。

但是换个角度想，神不也可能来自那被读破的“万卷书”和被我们用过千百遍的“笔”吗？

看看书柜里的书、笔筒里的笔，那里面是不是印了我们的手泽、染了我们的汗渍、藏了我们的岁月？

我常盯着书架看，想起“常弹的琴、常爬的树、常用的笔和常玩的木偶”。那些书是不是也因为我常翻、常读，伴我食，随我眠，而有神？抑或它们还只是一本本冷冷的书，没有生命，早被遗忘？

我也想，有一天，我把这些书留给你，你会不会在上面读到我的眉批、看到我的“神”？还有，你会不会也读那些书，把你的神灌注其中？

正因此，今天晚上，当我走进你的房间时，会突然问你：“你的书里有神吗？”

谈应变 ◎ 小野兔回家了

好比你被坏人绑架去，你忍着，偷偷观察该怎么逃跑。又听妈妈给你的指示，好好睡、好好吃，等待时机来临……

小兔子跑了，你有什么好气呢？

谁让你不小心？谁让你手里拿着冰激凌，却把笼子打开？

小兔子是我大前天抓到的。

那天我接了长长的水管，为后院的杜鹃喷肥料，突然看见一个小小的灰影闪过，直直冲向矮墙，接着跳了下去。

我赶快扔掉水管，追过去看。看到一个小灰兔子躺在下面的水泥地上，大概摔了一下，晕倒了。

我摸摸它，它突然跳起来，冲向矮墙的一角，发现无路可逃，又转身朝台阶冲去。只是它太小，台阶高，差那么一点点，硬是跳不上。这时候，我大声叫你：

“快来呀！快来呀！一只小野兔。”

你立刻跑了出来，叫着："小野兔，好可爱的小野兔哟！"

又回头问："我能抓它吗？"

"当然可以！"

"可是怎么抓呢？它一直跳。"

"你把它往墙角赶，它跑不掉，就可以抓了。"

于是你伸长两只手臂，把小野兔堵到角落。

到了角落，小野兔还不死心，一个劲儿地跳，好像想跳上墙。跳了几下，它一定累了，不动了，但是跟着把头顶在墙角，想挖个洞钻进去。

看你蹲在它前面却不敢动，我只好过去把它抓起来。

一只好小好小的兔宝宝，抓在手上根本没什么重量。我看看它的脸，鼻子和嘴之间有一点红红的血迹，大概是刚才跳下矮墙时摔伤的。它先在我手里挣扎了一阵，但是当我摸摸它，它就不动了。于是我把它交给你，要你用双手捧着。

它居然也乖乖地不动，使你得意起来：

"爹地看！它喜欢我，我没抓它，它都不动，它好 cute，我就叫它 Cutty 裘弟好了。”

一个晚上你都在管裘弟，一会儿拿草喂它，一会儿换成饼干，连犹太人过逾越节的薄饼也用上了。

可是兔宝宝都不吃。

“它大概还太小，是只小乳兔。”我说，“它要吃奶。”

于是你又用眼药瓶装牛奶喂它，但它也不吃。

只是你一个劲儿地说：“它吃了！它吃了！它吃了一管。”

晚上，虽然妈妈不同意，在你的坚持下，我们还是把小裘弟留在屋子里。我先拿个保证它跳不出去的纸盒子，再在里面铺上一块绒布，把它放进去。

就这样，你有了一只小野兔的宠物，而且才隔天，你全班同学都知道了。

只是裘弟还不怎么吃东西。放进纸盒的饼干、野草和胡萝卜，它全没动。你八十岁的公公很感兴趣，一早就去看它，还放了好多蔬菜进去，它也没吃半口。

你开始操心了。正好园丁来，你要妈妈问园丁怎么养野兔。

园丁瞪大了眼睛说：

“啊！野兔啊！你养不活的。尤其小兔子，一定要妈妈照顾，但是母兔子从不留在小兔子身边，它一天回到小兔子身边四次，只喂奶，喂完就走。而且它只要回家看不到小兔子，就再也不会回去。”

下午你去学舞蹈，回程又要妈妈绕到宠物店，问店里怎么养野兔子。

“兔子啊！你可以在我店里买小兔子啊！何必去抓？抓来的一定不能养，它们太野了，而且就算你把它放回去，大兔子也不会要它。因为你摸过它了，它身上有人的味道，大兔子就不要这个宝宝了。”宠物店的人也瞪大眼睛说。

“怎么办嘛！怎么办嘛！”你回来哭丧着脸。

我也没办法，说实话，你上学的时候，我已经又喂它好几次，它就是不吃。我把牛奶挤进它嘴里，牛奶就从它鼻子里涌出来。最后没办法，我想还是把它放回原来的小树丛好了。可是你不愿意，说同学要来看，如果放走了，同学就会说你吹牛。

我灵机一动，把以前你养Pinky小白兔的笼子从车房搬出来，将裘弟放进去，再把笼子下面的托盘拿掉，放在草地上，让长长的草叶能伸进笼子里。

前天半夜，我拿着望远镜，从百叶窗缝里看小野兔在干什么。

天哪！居然有一只大野兔，正在围着笼子打转。小野兔则在里面跳来跳去，想要挤出来。

我还要妈妈来看，又怕你不信，用录影机把大兔子录下来。

妙的是，兔妈妈虽然没能救走小兔子，从昨天开始，小野兔居然开始吃草了。

使你高兴得又叫又跳，说同学都会好羡慕你。

果然，今天下午放学，你的好几个同学都来了。

不知是哪个同学的妈妈买了好多蛋卷儿、冰激凌，你们一人一个，围在笼子旁边，一面逗兔子，一边吃冰激凌。

“它很乖，它很爱我。”你说。接着打开笼门，让小兔子走出来。又说它叫“裘弟”，是男生，于是大家一起跟裘弟打招呼：“嗨！裘弟！”

没想到这时裘弟突然跳起来，像闪电似的冲过你们脚下，冲到台阶，而且居然一下子就跳上台阶，再奔过草坪。

你们几个人，一手拿冰激凌，一手去拦，怎么可能拦得住？只好眼巴巴地看它消失在树丛间。

好了！别生气了！你能怪谁呢？全怪你自己啊！谁让你那么不小心？

但是你再想想，你已经“秀”了小兔子给同学看，证明了你没吹牛。现在小兔子没像宠物店老板说的，被它妈妈弃养，它妈妈半夜还来看它，它能回到妈妈身边，你不是该高兴吗？

好比你被坏人绑架去，你忍着，偷偷观察该怎么逃跑。又听妈妈给你的指示，好好睡、好好吃，养足了精神，一有机会就出其不意地冲出去，跳过以前你跳不过的墙，重新获得自由。

你是不是由那小野兔的身上学到很多？

而且以后你每次看后院的树丛，都会更有想象的空间了：

“看！我的小宠物裘弟就在那里面，还有它妈妈、它兄弟。我抱过裘弟，它好软好乖，躺在我手心，一动也不动。当然它也很聪明、很会装，所以它要走的时候，几个人都拦不住……”

谈公益 ◎ 老天爷忘记的时候

当我们感恩，觉得老天爷待自己太厚了的时候，报答上天最好的方法，就是去帮助那些老天爷忘记照顾的人。

今天晚上，我们看了一卷由图书馆借来的录影带——张艺谋导演的《一个都不能少》。

电影里演一个偏远山区的小学，只有一位老师和一班学生。老师有事请长假，不得不找代课老师。

那老师其实不算老师，她只是个十三岁的大女孩，长得很普通，一副憨厚农村女孩的样子。

原任老师临走，交了一盒粉笔在“大女孩”的手上，要她每天在黑板上抄课文给孩子念，又叮嘱了一句：“咱们这地方穷，人都往外搬，学生已经愈来愈少了，你要看好点儿，一个也不能少！”

就这么一句“一个也不能少”。大女孩看紧每个学生，唯恐有辱使命，当班上最皮的一个男孩，因为穷，不得不去城里打工的时候，这大女孩居然想尽办法找到城里。

她四处贴海报、到车站广播，都没回音。最后听说电视台最管用，居然天天守在电视台的门口，问每个进出的人：“你是不是台长？”

一天天过去，她又饿又累，眼看不支的时候，终于被电视台台长注意到。

她真上了电视，哭着喊着要那小男生回来。

小男生看到了，全市市民也看到了。不但小男生回到学校，市民捐赠的东西也源源而至。在记者的报道下，涌来更多的关怀和善款，那所破旧的小学获得重建，整个山村的感觉都不一样了。

“我才不信他们学校原来会那么破，那根本就是演戏，演出来的。”看完电影，你说，“我才看过电视上播‘江南第一村’，大陆小学的教室比我们的还漂亮。”

孩子！你讲得没错，我们那天看到的苏州外语学校，确实比你的学校讲究，但是你要想想中国多大啊！那里有很多高山、很多大河，还有无边的黄土高原。

你怎不想想，在那些偏远地区的小学会是什么样子呢？

我以前也跟你一样，不相信有那么穷的地方。直到前几年，去广西隆安县探望一群孩子时，才惊讶地发现他们有多穷。

那时我由南宁出发，一路上先经过大片的红土地，看到像桂林一样秀美的山丘，可是山丘下面全是石灰岩块，连草都不容易生长。

我还过了一条大河。河水湍急，要用铁壳船才能横渡，过去之后就更荒凉了。

也就在那一片荒凉之间，有个小小的村子，村民都在路边拍手，还有小朋友组成乐队欢迎，到他们那个泥土夯成的校舍。

学校里有几十个穿着各色服装的孩子，衣服都是外面捐赠的。每个孩子都很淳朴，连致欢迎词的小朋友，都紧张得说不出话。

我跟孩子们聊天，问他们对未来的想法。有个孩子说，她希望能进中学，将来到县城里去读书。

我才经过县城，就问她："你常去县城吗？"

她居然摇摇头，说她从来没去过城里，因为有大河，过不去。

好！现在你想想电影里的情节，那代课小老师没钱买车票，不得不发动学生去搬砖凑钱，你认为是编的吗？

孩子！即使是台湾，在山村也有不少可怜的孩子啊！

当城市里外资涌入、工商发达而变得富裕时，因为物价上涨，山村里的人就更跟不上了。

结果大人不得不进城打工。有的爸爸愈走愈远，再也不回家；有些妈妈离乡打工，看到外面的花花世界，也把家忘了。

剩下家里的孩子，跟着年老的爷爷奶奶，守着一片贫瘠的土地，你说，他们是不是更加可怜？

所以即使在台湾，山里的“原住民”都比城市人口短命，更甭说大陆那么大。

记得那天去隆安县山区小学的时候，是个大太阳天。我坐在讲台上，桌上铺着红布，太阳好亮、桌布好红，我眼睛都睁不开，直淌眼泪。

其实，如果没有太阳，我也会淌泪。因为想到你过得那么幸福。甚至当我回到城里，看到朋友请客，大盘叠小盘，满地都是只喝两口的矿泉水瓶时，都觉得心酸。

如果城里的人，每人省一口，矿泉水省几瓶，就能多让一个贫苦的孩子上学。当我们感恩，觉得老天爷待自己太厚了的时候，报答上天最好的方法，就是去帮助那些老天爷忘记照顾的人。

从那一天开始，我决定今后尽量不去我们资助的学校，免得他们敲锣打鼓地欢迎，要去也得偷偷去。

我也决定，捐出一定的版税，给台湾的慈善团体，并为大陆贫苦地区的孩子建希望小学。

孩子，如果爸爸妈妈的能力不足，希望你和哥哥也能把我们的这个梦想实现。

谈亲情

◎

妈妈我爱你

突然接到个电话，才匆匆忙忙地往家里赶，却像理查德一样，赶上个冷冰冰的尸体，只能在棺盖掀起时，见最后一面。

昨天半夜，你哥哥打电话回家。妈妈接起电话，哥哥才说了一句：“妈妈我爱你！”就在那头哭了。

妈妈吓一跳，急着问发生了什么事。

哥哥说他没事，是他哈佛同学理查德出了事——

昨天，去台北玩的理查德才回旅馆，就接到美国佛罗里达的长途电话，说他妈妈因为心脏病猝死。

哥哥说理查德一下子怔住了，坐在床边，呆呆地看着前方，一句话也不说，只见眼泪止不住地滚下来。

哥哥赶紧为他改机票、订位子，明天一大早还得送理查德去机场。

从台北看，佛罗里达正在地球的另一边，而另一边理查德亲爱的妈妈已经冷冰冰的，等不及看儿子最后一眼，也没让儿子看最后一眼，就离开了这个世界。因为是心脏病突发，只怕死时连半个亲人都不在身边。

更令人伤恸的是，理查德的父母很早就离婚了，理查德是跟他妈妈相依为命地长大的。

可想而知，他们母子有多亲，当理查德进入哈佛大学时，他的妈妈有多欣慰；还可想而知，理查德的妈妈为了供儿子读哈佛，得多么辛苦地工作。

但是，理查德哈佛毕业了，没回佛罗里达，没回他妈妈身边，为了工作也为了理想，他去了别的城市，而且一去就是十年。

我不知这十年间，理查德回过几次家，看过多少次妈妈。只知道从我们自己家想，你哥哥研究所毕业之后就去了台北，上一次见到妈妈，已经是一年多前。

怪不得哥哥在电话那头哭，说他有个最大的梦魇，就是有一天，突然接到地球另一边的电话，告诉他亲人的噩耗。

理查德母亲的死，再一次吓到你哥哥，所以哥哥哭了，急着说出他深藏心底许久都不好意思说的“妈妈我爱你”，并且决定下个月回美国，陪我们一起去度假。

哥哥小时候，我们常带他出去度假，所以这次一定会勾起许多美好的回忆。只是，那回忆愈美好，唤起的亲情愈浓，就愈不舍，愈难别离。而回来没几天，哥哥为了工作，又得坐上飞机，横过北美和太平洋。

同样的，有一天你会告别娃娃的岁月，告别父母，告别生长了十八年的温暖的家，走向成年，走向大学，也走向外面的世界。

于是可能跟你哥哥一样，你翅膀硬了、飞了，而且一飞就是千万里。起初还有空就往家跑，渐渐只有逢年过节回来，再隔几年，眼界愈宽、理想愈大、目标愈远，你也愈走愈远，远得一两年才能回来一趟。

说不定直到有一天，突然接到个电话，才匆匆忙忙地往家里赶，却像理查德一样，赶上个冷冰冰的尸体，只能在棺盖掀起时，见最后一面。

孩子，每想到此，我们就多么矛盾哪！既希望你能飞得高、飞得远，又盼望总能见到你的影子。

既希望你常在身边，又怕羁绊了你的脚步。

正因此，我很羡慕你外公外婆，他们每天一大早就能见到自己的女儿。我也很羡慕你，每天从坐上妈妈的车，就开始絮絮叨叨地跟妈妈谈心。

我还总是悔恨，你奶奶在世的最后几年，没能多跟她聊聊，就算她听不见，而且不断重复说过的东西，但是能坐在她身边，靠靠她、贴贴她，也是好的。

再过不久就是母亲节了，我更羡慕你和妈妈，都能戴上红色康乃馨，而我只能戴上白花，而且再也不可能有换红花的机会。

孩子，好好把握你还在家的岁月吧！帮妈妈做家事、跟妈妈学烹饪、对爸爸说说你的抱负……也让我和你妈妈好好盯着你的脸、握住你的手、摸着你的头、抓紧你的衣角吧！

然后你将飞翔，在我们双手的捧托下振翼、腾空，回头再回头、不舍再不舍，终于一扭头，直上云霄……

后　记

永远不老的爱

自从两年前，我出版了《做个快乐读书人》，就接到许多读者的来信。信的内容差不多，都是说他们羡慕小帆，有我这么一个好爸爸。

也有读者说，我是他的偶像，不是像刘德华或李奥纳多那种，而是“偶像老爸”，甚至在信的一开头，不称我为刘老师，直接叫我“墉爸”。

还记得去年冬天，我在大陆的某个城市为读者签名，有个看来像大学生的女孩一直盯着我，露出很不平的表情说：“为什么我爸爸跟你是同一年生的，我爸爸看起来却比你老得多？”

在她的表情里，我感觉到一种很复杂的情怀。她好像既怨我，又怨他父亲；还好像怨这个时代，害她父亲太辛苦。

当时我对她说："不要怨，你的爸爸可能外表看起来比我老，但是你要相信他对你的爱，就像我对我女儿一样。一样那么深！"

可不是吗？我常想，如果我不写出《超越自己》那一系列作品，谁知道我对儿子"深深的期待"？如果我不写出《做个快乐读书人》，谁又能感受我对女儿"温温的爱"？

问题是，这世上绝大多数的父母，是不会把爱写出来的。于是"训了就训了"，孩子只觉得挨了训，十分伤心，甚至不平，却不知父母在严词之后，有多少殷切的属望。

换个角色，如果我成为她的父亲，却可能在训话之后，写出两千多字的文章，把自己的心灵摊在孩子面前，告诉他最重要的几个字："骂归骂，其实都因为爸爸爱你。"

我给孩子写文章，总在事情发生之后，心平气和了，再动笔。我孩子读我的文章，就更是在事情之后了；不再与父亲面对面，而是面对父亲坦白的文字。

所以如果读者觉得我是模范老爸，而自己的爸爸不是，极可能因为自己的爸爸没写出来，极可能因为自己没有细细揣摩“老父的心情”。

哪个父亲不犯错?

哪个父亲不流泪?

只是父亲的错，别人见不到，却常被自己的孩子见到；自己父亲的泪，孩子见不到，是父亲偷偷一个人往肚里吞。

记得多年前，我看过一部描写印度黄包车夫生活的电影——《欢喜城》，拉黄包车的爸爸在大雨天，客人给他一笔车资，等着他找钱，他居然没找，转身跑了。

明明那车夫不对，可是不知为什么，我却暗自为他高兴。因为我知道他小女儿等着父亲买糖回家，他的大女儿等着父亲存足了钱买金饰，才能出嫁（印度一年有成千上万的少女，只因为等不到嫁妆而心碎自杀）。

自从看了那影片，我对每个亏待我的男人，都有了另一种想法。当我吃亏之后，常猜想："他家中一定也有等着他的孩子，在他回家时，扑到怀里，看他从口袋里掏出好吃的、好玩的……"

我是一个平凡的父亲，一个也会犯错、迷失、偷偷落泪的父亲，如同每个人的父亲一样。

在本书的结尾，我要告诉每位小读者，如果你觉得你爸爸对你不够好，怨你父亲没有像我这样，轻声细语地对你说话，很可能，你错了。

错不在他没表达，错在你没有去体谅。

试着去听听他的心声吧！

从父亲疲倦的脚步中，从爸爸汗湿的衣服间，从父亲大作的酣声里，甚至由爸爸火爆的眼神中，去探索他内心的挣扎与痛苦，去感受他对你的深深的爱吧！